Säugetiere der Südwestberge und Mesas

George Olin

Writat

Diese Ausgabe erschien im Jahr 2023

ISBN: 9789359256177

Herausgegeben von
Writat
E-Mail: info@writat.com

DANKSAGUNGEN

danken wir , wie auch für *Mammals of the Southwest Deserts* , Dr. EL Cockrum , Assistenzprofessor für Zoologie an der University of Arizona, der das Manuskript auf Richtigkeit überprüft hat. Wir danken ihm auch für seine Anregungen und Kritik, die wesentlich zu seinem Interesse beigetragen haben.

Bierly seine Anerkennung aussprechen, dessen großartige Illustrationen diese Seiten schmücken. Es ist ein Privileg, mit diesem Talent in Verbindung gebracht zu werden.

Abschließend gilt unser Dank dem Herausgeber und seinen Mitarbeitern. Es ist keine leichte Aufgabe, Text mit Illustrationen zu kombinieren oder Raum und Schrift aufeinander abzustimmen, aber es wurde mit Gefühl und Präzision erledigt.

Gemeinsam hoffen wir, dass Sie unsere Bemühungen gutheißen. Wenn Sie durch diese Broschüre ein besseres Verständnis für die Säugetiere erlangen, die die freie Natur mit uns teilen, oder wenn Sie sich dadurch der dringenden Notwendigkeit bewusst werden, einige unserer wilden Tiere (und wilden Orte) zu erhalten, jetzt bevor es soweit ist zu spät; Wir werden in der Tat gut belohnt werden.

EINFÜHRUNG

Geografische Einschränkungen

Der einzige Punkt in den Vereinigten Staaten, an dem vier Staaten aneinandergrenzen, ist der Ort, an dem Utah, Colorado, Arizona und New Mexico zusammenkommen. Mit angrenzenden Teilen von Kalifornien, Nevada und Texas umfassen sie die gesamte südwestliche Wüste. Insbesondere Arizona und New Mexico sind als Wüstenstaaten bekannt und verdienen größtenteils diese Bezeichnung. Einige der höchsten und schönsten Berge unserer Nation sind über dieses Wüstenland verstreut, als ob sie achtlos von einer Riesenhand verstreut worden wären . Sie können als isolierte Gipfel auftreten, die in ihrer Einsamkeit großartig sind, oder als kurze Gebirgszüge, die sich nur ein kleines Stück erstrecken, bevor sie auf das Niveau der Wüste absinken. Andererseits erreichen die Rocky Mountains in Colorado ihre größte Höhe, bevor sie mit dem Hochland in New Mexico verschmelzen, und alle genannten Staaten haben mindestens eine Gebirgskette von größerer Größe .

Zwei große Autobahnen durchqueren dieses Gebiet von Ost nach West. US 66, „Mainstreet of America", führt über Albuquerque und Flagstaff nach Los Angeles; Weiter nördlich schlängelt sich die US 50 durch die Berge von Pueblo nach Salt Lake City und endet in San Francisco. Bezeichnenderweise treffen sie auf ihrem Kurs nach Osten in St. Louis zusammen, und hier schweifen wir zunächst von der Geographie zur Geschichte ab.

Westward Ho

St. Louis war im Jahr 1800 eine unruhige Grenzstadt. Strategisch günstig an der Stelle gelegen, an der der Missouri River auf den Mississippi trifft, war es der Ausgangspunkt für jene mutigen Seelen, die abenteuerlustig genug waren, die Annehmlichkeiten der Zivilisation für die unbekannten Gefahren des Westens aufzugeben. Schon damals war St. Louis eines der Pelzzentren der Welt. Die damalige Mode verlangte , dass Männer Zylinder tragen sollten. Die schönsten Hüte wurden aus Biberpelz hergestellt und kein Dandy mit etwas Selbstachtung konnte sich mit weniger zufrieden geben. Auf der Suche nach Fellen zur Deckung des Bedarfs zogen Fangtrupps den Missouri River hinauf bis in die

Berge von Montana. Als die Tiere in besser zugänglichen Gebieten knapp wurden, wandten Fallensteller ihre Aufmerksamkeit den Bergen von New Mexico und Colorado zu. Die Strapazen der Überlandroute, gepaart mit der Gefahr eines Angriffs durch feindliche Indianer, entmutigten alle bis auf die robustesten Tiere dieser rauen Rasse. Diese „Mountain Men", wie sie genannt wurden, reisten in kleinen Gruppen mit der ganzen Heimlichkeit und List der Indianer selbst. Da sie von der wochenlangen Reise durch die Prärie abgemagert waren, konnten sie sich ein paar Tage in der spanischen Siedlung Santa Fe ausruhen, bevor sie in den Bergen verschwanden. Auf der Rückreise besuchen sie vielleicht noch einmal das spanische Pueblo oder machen sich, begierig auf das Nachtleben von St. Louis, direkt ostwärts über die Prärie auf den Weg. Die heutigen Autobahnen folgen zwar nicht direkt ihren Spuren, verlaufen aber dennoch weitgehend parallel zu ihnen.

Über diese frühen Abenteurer ist heute wenig bekannt. Einige schriftliche Berichte wurden gedruckt, dürftige Aufzeichnungen über ihre Fänge wurden notiert, und hier und da zeugen grobe Initialen und Jahreszahlen, die in einzelne Canyonwände eingraviert sind , von ihrem Vorbeigehen. Ihre Eroberung des Westens ist in Vergessenheit geraten, aber sie muss als der erste Keil des amerikanischen Vormarschs in den Südwesten betrachtet werden.

Berge als Wildtierreservoirs

Der Reisende von heute legt in Stunden Entfernungen auf denselben Strecken zurück, die vor einem Jahrhundert ermüdende Wochen und herzzerreißende Anstrengungen erforderten. Während er mit gedämpfter Leichtigkeit fährt , hält er selten inne, um über die Veränderungen nachzudenken, die seit diesen frühen Tagen stattgefunden haben. Die großen Bisonherden und die sie begleitenden Wolfsrudel sind verschwunden und an ihrer Stelle grasen weißgesichtige Rinder auf den ebenen Prärien. In den Ausläufern haben die Gabelböcke ihren letzten Widerstand geleistet. Auf den Campingplätzen nomadischer Stämme, die das gesamte Gebiet zwischen dem Mississippi und den Rocky Mountains durchstreiften, sind Städte entstanden. Nur die Berge scheinen gleich zu sein.

bilden diese massiven Gebirgsketten eine Barriere gegen die Stürme, die aus Nordwesten heranziehen. Noch wichtiger: Diese großen Lagerstätten unserer natürlichen Ressourcen, die in der Anfangszeit nur Gold und Pelze und für die Pioniere vielleicht den plötzlichen Tod bedeuteten, wurden jetzt von ihren Nachkommen erschlossen. Der Glanz des Goldes und der Glamour der Pelze verblassen im Vergleich zu den unermesslichen Werten, die seither bei den unedleren Metallen und Bauholz verloren gegangen sind. Auch diese Phase geht nun zu Ende. Es wird deutlich, dass diese natürlichen Spielplätze angesichts unserer ständig wachsenden Bevölkerung dazu bestimmt sind, ein Puffer gegen die Spannungen zu sein, denen wir als eines der am höchsten zivilisierten Völker der Welt in unserem täglichen Leben ausgesetzt sind. Innerhalb eines weiteren Jahrhunderts werden sie für viele Millionen Amerikaner eine der wenigen verbliebenen Möglichkeiten darstellen, der Natur nahe zu kommen. Daher ist die ordnungsgemäße Entwicklung und Erhaltung der Berggebiete und ihrer Werte für unsere Nation von entscheidender Bedeutung.

Die Berge der Südweststaaten wurden von drei großen Behörden gebildet. Dabei handelt es sich in der Reihenfolge ihrer Wichtigkeit um die Schrumpfung des Erdinneren unter Bildung von Falten auf der Oberfläche; Verwerfungen mit anschließender Erosion freiliegender Oberflächen; und vulkanische Aktivität. Die erste Methode ist für die meisten großen Verbreitungsgebiete wie die Küstenberge Kaliforniens und die Rocky Mountains verantwortlich. Verwerfungen sind für viele Hochplateaubereiche verantwortlich, bei denen eine Seite ein hoher Rand oder eine Klippe und die andere ein sanft abfallender Hang sein kann. Der Mogollon Rim, der sich über einen Teil von Arizona bis nach New Mexico erstreckt, ist ein klassisches Beispiel in dieser Kategorie. Vulkanische Einwirkungen können dazu führen, dass große Mengen magmatischen Gesteins durch Risse in der Erdoberfläche herausgeschleudert werden, oder es kann zu heftigen Ausbrüchen in einem vergleichsweise kleinen Gebiet kommen. Mehrere Bergregionen in Arizona und New Mexico sind mit riesigen Feldern extrudierter Lava bedeckt. Der Capulin Mountain in New Mexico ist ein Beispiel für einen neuen Vulkan, der einen nahezu perfekten Kegel aus Asche und Lava bildete. Weniger auffällig als die Berge, aber dennoch wichtig, sind die Hochebenen im Südwesten. Diese Tafelberge sind zu hoch, um typisch für die Wüste zu sein, und in den meisten Fällen zu niedrig, um als Berge betrachtet zu werden. Sie weisen die Merkmale beider auf.

Wüsten-„Inseln"

Die Berge im Südwesten wurden mit Inseln verglichen, die sich über der Oberfläche eines Wüstenmeeres erheben. Dies ist ein treffender Vergleich, da sie sich nicht nur im Klima, sondern auch in der Flora und Fauna erheblich von der heißen, niedrigen Wüste unterscheiden. Nur wenige Pflanzen- oder Tierarten, die in diesen höheren Lagen leben, könnten die Bedingungen auf dem Wüstenboden erfolgreicher überleben als Landtiere im offenen Meer. Ihr Tod durch Hitze und Trockenheit würde nur länger dauern als der Tod durch Ertrinken. So ist das Verbreitungsgebiet bestimmter, isoliert auf Berggipfeln vorkommender Arten oft so eingeschränkt, als ob sie tatsächlich von Wasser umgeben wären. Dies führt mitunter zu einer so starken Anpassung an die örtlichen Gegebenheiten, dass einige häufig vorkommende Arten kaum noch erkennbar sind. Dies ist jedoch die Ausnahme von der Regel; Die meisten Tiere in diesem Buch gehören entweder zur gleichen Art wie die in den Nordstaaten oder sind so eng miteinander verwandt, dass sie für den zufälligen Beobachter gleich erscheinen. Die Bedingungen, die es diesen Arten, die normalerweise in den schneebedeckten Ebenen des Mittleren Westens und in den Nadelwäldern des Nordens vorkommen, ermöglichen, im heißen Südwesten zu leben, werden entweder direkt oder indirekt durch die Höhe verursacht.

Lebenszonen

In diesem Kern aus vier Staaten gibt es insgesamt sechs Lebenszonen (siehe Karte auf <u>Seite x</u>). Die beiden niedrigsten, die Lower und Upper Sonoran Life Zones, reichen vom Meeresspiegel bis zu einer maximalen Höhe von etwa 7000 Fuß. Diese beiden wurden in dem Buch „Mammals of the Southwest Deserts" behandelt. Die verbleibenden vier – Übergangs-, kanadische, Hudson- und alpine Lebenszonen – werden das Material für dieses Buch liefern. Die Namen dieser Zonen sind selbsterklärend , da sie die Regionen beschreiben, deren Klima sie annähern. Im Gegensatz zu den beiden Lebenszonen der Wüste, die fast unmerklich ineinander übergehen, sind diese oberen Zonen schärfer abgegrenzt. Sie sind oft schon aus großer Entfernung an ihrem charakteristischen Pflanzenwuchs zu erkennen. Es ist zu beachten, dass Pflanzenarten noch anfälliger für Umwelteinflüsse sind als Tiere und auf genau definierte Bereiche mit extremen Temperatur- und

Feuchtigkeitsverhältnissen beschränkt sind, die ihren individuellen Bedürfnissen am besten entsprechen. Somit hat jede Lebenszone ihre typischen Pflanzenarten, und da Tiere wiederum auf bestimmte Pflanzen als Nahrung oder Deckung angewiesen sind, kann man oft vorhersagen, dass viele der Arten in einem einzelnen Gebiet vorkommen.

Die Transition Life Zone im Südwesten liegt normalerweise auf einer Höhe zwischen 7000 und 8000 Fuß. Es umfasst den Übergang von niedrigen Bäumen und Sträuchern der offenen Wüste zu dichten Wäldern in höheren Lagen. Es zeichnet sich durch offene Ponderosa-Kiefernwälder aus, die normalerweise mit vereinzelten Dickichten aus Gambel- Eichen vermischt sind. Diese Bäume haben ein helleres Grün als die Wüstenbäume, sind aber nicht mit der tieferen Farbe der höher gelegenen Tannen zu vergleichen.

Die Canadian Life Zone beginnt auf einer Höhe von etwa 8000 Fuß und erstreckt sich bis etwa 9500 Fuß. Die Douglasie muss als die herausragende Art in dieser Zone angesehen werden, obwohl die leuchtende Herbstfärbung der Zitterpappeln im Herbst eine spektakulärere Identifizierung dieses Gebiets ermöglicht. In den Wintermonaten, wenn dieser Baum seine Blätter abgeworfen hat, erscheinen die Haine als graue Flecken zwischen den dunkelgrünen Tannen. Auf dieser Höhe gibt es im Winter viel Schnee und in den Sommermonaten entsprechend starke Niederschläge. Unter diesen günstigen Bedingungen gibt es im Spätfrühling normalerweise eine farbenfrohe Wildblumenpracht.

Die Hudsonian Life Zone ist durch einen deutlichen Rückgang der Pflanzenartenzahl gekennzeichnet. In dieser Höhe (9.500 bis 11.500 Fuß) sind die Winter streng und die Sommer von kurzer Dauer. Dies ist die Zone der Weißtanne, die hoch und schlank wächst, um die saisonale Belastung durch Schnee und Graupel besser abzuwehren. An geschützteren Stellen findet die Fichte einen ihren Bedürfnissen entsprechenden Lebensraum. Am oberen Rand der Hudsonian Life Zone verkümmern und verformen sich die Bäume und verschwinden schließlich ganz. Das ist die Waldgrenze; der Beginn der alpinen Lebenszone, oder wie sie oft genannt wird, der arktisch-alpinen Lebenszone.

Hier ist eine Welt aus kargen Felsen und beißender Kälte. Ab einer Höhe von 12.000 Fuß liegt der ewige Schnee tief auf den Gipfeln. Doch auch wenn es auf den ersten Blick kaum Hinweise auf Leben jeglicher Art zu geben scheint, werden bei näherer

Betrachtung niedrige, mattenartige Pflanzen entdeckt, die zwischen den freigelegten Felsen wachsen, und winzige Pfade, die zu Höhlen in den Felsrutschen führen. Unter den größeren Säugetieren gibt es außer den Bergschafen nur wenige, die den Strapazen dieser unwirtlichen Region standhalten können.

Dies sind die Zonen des südwestlichen Hochlandes. Die angegebenen Höhen sind Richtwerte und gelten für Bergketten wie die San Francisco Peaks in Arizona und die Sangre de Cristo Mountains in New Mexico. Je weiter man nach Norden reist, desto tiefer sinken die Zonen, bis im hohen Norden die Arktis-Alpine Lebenszone auf Meereshöhe liegt. Da das Klima mehr als jeder andere Faktor die Arten von Pflanzen und Tieren bestimmt, die in einem bestimmten Gebiet leben können, ist es nur natürlich, dass auf diesen Berginseln viele Arten heimisch sind, die in den umliegenden Wüsten völlig fremd sind. Obwohl es den Anschein hat, dass die Hochlandarten aufgrund des relativen Wasserreichtums in höheren Lagen ein besseres Umfeld hätten, ist dies nicht ganz richtig. Diesem Vorteil stehen die strengen Winter gegenüber, die zusätzlich zu den eisigen Temperaturen eine Zeit mit tiefem Schneefall und Hungersnöten mit sich bringen. Auch wenn viele Arten ein hohes Maß an Anpassung an diese Bedingungen zeigen, führt eine besonders lange oder kalte Wintersaison zum Tod schwächerer Individuen.

Mensch und Wildnis

Die Auswirkungen der Anwesenheit des Menschen auf die Arten im Hochland sind möglicherweise nicht so schwerwiegend wie auf die Arten in der Wüste. Obwohl er überall maßgeblich dazu beigetragen hat, das Gleichgewicht der Natur zu stören, geschah dies hauptsächlich durch Landwirtschaft und Weidewirtschaft. Aufgrund des rauen, zerklüfteten Charakters vieler Hochländer im Südwesten ist das erste in vielen Fällen unmöglich und das zweite nur teilweise erfolgreich. Es gibt jedoch noch andere Faktoren, die die Zukunft der Hochlandarten gefährden. Dazu gehören: Jagddruck, Raubtierkontrolle und Holzfällerei. Sogar die Brandbekämpfung, so bewundernswert sie für menschliche Zwecke auch sein mag, stört die langen Zyklen, die ein normaler Teil der Pflanzen- und Tierfolge in Waldgebieten sind. Dies sind nur einige der Mittel, mit denen der Mensch die Tierpopulation absichtlich oder unbewusst dezimiert. Sie sollen daran erinnern, dass es durchaus möglich ist, dass viele unserer häufig vorkommenden Arten innerhalb der nächsten 100 Jahre aussterben, wenn Naturschutz und Wissenschaft bei Bewirtschaftungsproblemen nicht zusammenarbeiten. Unsere natürlichen Ressourcen sind unser Erbe; Lasst uns die Substanz unseres Vertrauens nicht verschwenden.

Da unsere Wildnisgebiete schrumpfen, scheint es, dass sich unsere Menschen allmählich nicht nur für das Wohlergehen unserer einheimischen Arten, sondern auch für ihre Art und Weise interessieren. Diese Art von Neugier verheißt Gutes für die Zukunft unserer verbleibenden wilden Tiere. In früheren Zeiten beschränkte sich das Interesse an Säugetieren hauptsächlich auf Sportler, die oft viel darüber wussten, wo man Wildtiere findet und wie man sie jagt. Ihr Interesse endete normalerweise mit dem Schuss, der die Beute zu Fall brachte. Heutzutage haben viele Menschen entdeckt, dass das Studium der Gewohnheiten eines Tieres in seinem natürlichen Lebensraum ein faszinierendes Outdoor-Hobby in einem praktisch unberührten Bereich ist. Mit Geduld und Liebe zum Detail wird der Laie gelegentlich Fakten über das tägliche Leben einiger häufig vorkommender Arten entdecken, die der Aufmerksamkeit unserer führenden Naturforscher entgangen sind. Dies ist keine Kritik am wissenschaftlichen Ansatz. Es wird empfohlen, dass der Naturliebhaber zu seinem eigenen Nutzen einige der Grundlagen der Zoologie erlernt, insbesondere der Klassifikation und Taxonomie, also der Gruppierung und Benennung von Arten.

Klassifizierung von Tieren

Die Klassifizierung von Tieren ist leicht zu verstehen. Kurz gesagt, sie sind in große Gruppen unterteilt, die als *Orden bezeichnet werden* . Diese werden weiter in *Gattungen unterteilt* , wobei die Gattungen wiederum eine oder mehrere *Arten enthalten* .

Wissenschaftliche Tiernamen werden immer in lateinischer Sprache angegeben. In dieser universellen Sprache verfasst, sind sie für alle Wissenschaftler unabhängig von ihrer Nationalität verständlich. Es ist ein Fehler, vor ihnen zurückzuschrecken, weil sie umständlich und für das Auge ungewohnt sind. Sie verraten meist ein wichtiges Merkmal des Tieres, für das sie stehen. Das ist ihre wahre Funktion; Dem Autor scheint es ein Fehler zu sein, ein Tier nach einem geografischen Ort oder einer Person zu benennen, obwohl dies häufig geschieht. Die wörtlichen Übersetzungen bestimmter Namen in diesem Buch werden diesen Punkt veranschaulichen. Sehen Sie, wie viel interessanter und wie viel leichter man sich die Namen merken kann, die Gewohnheiten oder körperliche Eigenschaften des Lebewesens beschreiben.

Hierin wird nur ein Teil der im südwestlichen Hochland heimischen Arten beschrieben. Die Auserwählten wurden ausgewählt, weil sie entweder häufig, selten oder ungewöhnlich interessant sind. Zusammen bilden sie einen repräsentativen Querschnitt der Säugetiere, die über den Wüsten des Südwestens leben.

Weitere Informationen zu diesen und anderen Säugetieren der Region finden Sie in der Referenzliste auf Seite 123 .

HUFTIERE
Artiodactyla
(Tiere mit geraden Zehen)

Diese Ordnung umfasst alle in den Vereinigten Staaten heimischen Huftiere. Dies sind die Säugetiere, die üblicherweise als „Klauentiere" bezeichnet werden. Eine Gruppe von Unpaarhufern (*Perissodactyla*), zu der die sogenannten Wildpferde und Esel gehören, kann nicht richtig als einheimische Tiere gezählt werden, da diese Tiere erst aus der Zeit der spanischen Eroberung unseres Südwestens stammen. In früheren geologischen Zeitaltern gab es auf diesem Kontinent Pferde, allerdings in primitiveren Formen als heute in anderen Teilen der Welt.

Durch eine Untersuchung fossiler Formen wurde festgestellt, dass sich unsere heutigen Huftiere aus Lebewesen entwickelten, die an den Rändern der großen tropischen Sümpfe lebten, die einst große Gebiete unserer heutigen Landmassen bedeckten. Sie hatten lange Beine und Spreizfüße und waren gut an eine Umgebung mit tiefem Schlamm und üppiger Vegetation angepasst. Als das Wasser nach und nach verschwand und die Tiere gezwungen waren, an Land zu gehen, veränderten sich ihre seltsamen Füße langsam. Da sie sich daran gewöhnt hatten, auf den Zehenspitzen zu gehen, um im Schlamm zu bleiben, berührte der erste Zeh in dieser neuen Umgebung überhaupt keinen festen Boden. Da es nutzlos war, verschwand es bald ganz oder blieb ein Überbleibsel. Einige Arten entwickelten einen geteilten Fuß, bei dem die zweite und dritte Zehe bzw. die vierte und fünfte Zehe gemeinsam das Gewicht des Tieres trugen. Schließlich übernahmen allein die dritte und vierte Zehe diese Verantwortung, und die zweite und fünfte Zehe wurden zu Taukrallen. Das sind die Paarhufer von heute. Bei anderen Arten wurde die dritte Zehe entwickelt, um das Gewicht zu tragen, und dies führte zu einer einzehigen Gruppe, für die das Pferd ein Beispiel ist. In allen Fällen hat eine enorme Veränderung der Nägel oder Krallen, mit denen die meisten Tiere ausgestattet sind, zu dieser schützenden Hülle geführt, die Huf genannt wird. Die Unterseite des Fußes ist etwas weicher und entspricht dem schweren Polster, das die Zehenunterseite eines Hundes schützt. Diese kurze Erläuterung bezieht sich nur im weitesten Sinne auf die in den Vereinigten Staaten vertretene Ordnung. Die Füße der verschiedenen Arten haben sich so auf ihre jeweilige Lebensweise spezialisiert, dass ein Individuum meist allein anhand der Fußspuren leicht zu identifizieren ist. Es ist durchaus möglich, dass viele Arten diesbezüglich noch subtile Veränderungen durchmachen.

Mit einer Ausnahme tragen die Paarhufer unserer südwestlichen Berge entweder Hörner oder Geweihe. Eine Ausnahme bildet das Halsbandpekari „Javelina" (*pecari tajacu*), das während der Hitze des Sommers manchmal in die Transition Life Zone im Süden Arizonas und im Südwesten von New Mexico aufsteigt. Da es sich im Wesentlichen um ein Tier der niedrigen Wüste handelt, wird es in diesem Buch nicht behandelt. Die Arten mit hohlen, bleibenden Hörnern sind das Dickhorn und das Gabelbock. Das Besondere am Gabelbock ist, dass er jedes Jahr seine Hörnerhüllen abwirft, der hohle, knöcherne Kern bleibt jedoch intakt. In dieser Gruppe tragen beide Geschlechter Hörner. Tiere, die ein Geweih tragen, sind der Elch und der Hirsch. Das Geweih ist laubabwerfend und wird jedes Jahr etwa zur gleichen Zeit wie das Winterfell abgeworfen. Nur die Männchen dieser Art haben ein Geweih, alle Weibchen mit einem Geweih können als abnormal angesehen werden.

Der Südwesten hat das Glück, dass noch immer eine Reihe von Arten dieser Ordnung in den Vereinigten Staaten heimisch sind. Der Bison kann kaum als Wildart betrachtet werden, da er heute nur noch durch die Bemühungen einiger Naturschützer existiert, die ihn vor dem nahezu Aussterben gerettet haben. Bergziegen, Karibus und Elche sind die einzigen anderen Arten, von denen nicht bekannt ist, dass sie im Südwesten leben.

Im Gleichgewicht der Natur scheint die Ordnung *Artiodactyla* als Nahrung für die großen Raubtiere gedacht gewesen zu sein. Ihr Schutz vor den Fleischfressern besteht hauptsächlich in der Flinkheit der Füße, einem scharfen Gehör und einem weiten Sehvermögen, was durch die großen Augen an den Seiten des Kopfes bewiesen wird. Sie sind nur schlecht gerüstet, um den Angriffen größerer Fleischfresser aktiv zu widerstehen. Ihre beste Verteidigung ist die Flucht.

Bighorn (Bergschaf)
Ovis canadensis (lateinisch: ein Schaf aus Kanada)

VERBREITUNGSGEBIET : Diese Art kommt mit ihren verschiedenen Varianten in den meisten Bergregionen im Westen der Vereinigten Staaten vor. In Mexiko kommt es in der nördlichen Sierra Madres und auf fast der gesamten Länge von Baja California vor.

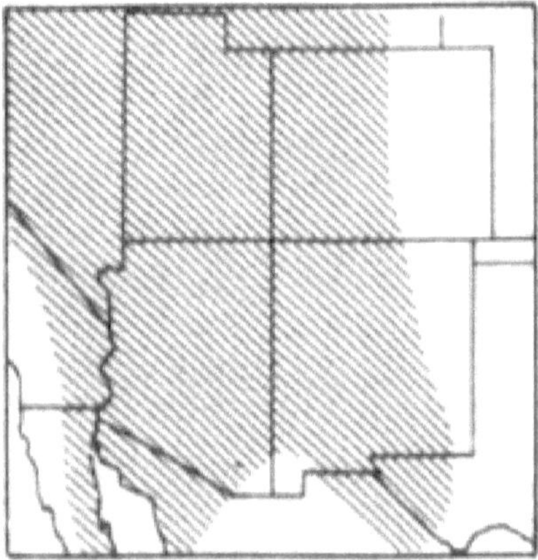

LEBENSRAUM : Unter oder in der Nähe steilerer Orte in den Bergen.

BESCHREIBUNG : Ein blockiges Tier, ziemlich groß, mit schweren, gebogenen Hörnern. Gesamtlänge des erwachsenen Mannes 5 Fuß. Schwanz etwa 5 Zoll. Gewicht bis zu 275 Pfund. Die allgemeine Farbe ist dunkelgrau bis braun mit helleren Bereichen unter dem Bauch und an der Innenseite der Beine. Der Rumpfbereich ist viel heller als jeder andere Körperteil; in den meisten Fällen kann es als weiß beschrieben werden. Weibchen ähneln im Aussehen den Männchen, außer dass sie kleiner sind und die Hörner viel kürzer und schlanker sind. Jung, ein oder zwei, Zwillinge sind häufig.

So interessant die Wüstenarten dieser Art auch in ihrer Anpassung an eine Umgebung sein mögen, die ihrer Natur fremd erscheint, mit dem Hochgebirgstier sind sie nicht zu vergleichen. Vor dem Hintergrund einer großen grauen Klippe oder als Silhouette vor der Skyline eines schneebedeckten Bergrückens hat das Dickhorn eine atemberaubende Pracht. Im Flug ist es noch spektakulärer, da es mit einer unglaublichen Trittsicherheit von einem schmalen Felsvorsprung zum nächsten springt. Doch diese luftige Anmut zeigt ein klobiges Tier, das oft weit über 200 Pfund wiegt. Das Geheimnis liegt in den speziell angepassten Hufen mit Böden, die sich an glatten Oberflächen wie Kreppgummi festhalten, und Kanten, die in Schnee und Eis schneiden oder an den kleinsten Felsvorsprüngen Halt finden. Die Beine und der Körper sind zwar schwer, aber gut proportioniert und so stark bemuskelt , dass dieses Schaf unabhängig von den Anforderungen, die an sie gestellt werden, über eine komfortable Kraftreserve zu verfügen scheint. Zweifellos verstärkt die Demonstration vollständiger Koordination die Illusion der Leichtigkeit, mit der es an die unzugänglichsten Orte aufsteigt. Abstiege sind oft sogar noch spektakulärer, da das Tier bei vertikalen Sprüngen von 15 Fuß oder mehr von einem schmalen Felsvorsprung zum nächsten selten zögert.

großes Horn

Im Hochgebirge, wo dieses Schaf sein Zuhause bevorzugt, kommt es meist nahe oder oberhalb der Waldgrenze vor. Bei Winterstürmen wird er manchmal in den Schutz der Wälder gezwungen, aber sobald die Bedingungen es erfordern, kehrt er in seine Welt aus kargen Felsen und Schnee zurück. Hier können seine scharfen Augen bei freier Sicht die heimlichen Bewegungen des Berglöwen erkennen, dem einzigen Säugetier-Raubtier, das in der Lage ist, ernsthaft in seine Bestände einzudringen. Es gibt nur wenige andere natürliche Feinde. Gelegentlich trifft ein Steinadler ein Lamm und stößt es von einem Felsvorsprung, oder ein weitläufiger Rotluchs oder Luchs hat das Glück, ein sehr junges Lamm seiner Mutter zu entreißen, aber das kommt selten vor.

Dickhörner sind hauptsächlich auf die Nahrungssuche angewiesen. Dies ist nur natürlich, da in den Höhenlagen häufig wenig Gras zu finden ist. Gewöhnlich wachsen jedoch in Felsspalten einige niedrige Sträucher in Hülle und Fülle, und viele der winzigen einjährigen Pflanzen werden auch während der kurzen Sommersaison abgesucht. Manchmal ist eine geschützte Bucht an der Südseite eines Berges voller Sträucher wie der Schneebeere, und die Schafe nutzen solche Situationen voll aus. In der Regel werden sie gut ernährt, denn obwohl es spärlich erscheint, gibt es oberhalb der Waldgrenze nur wenige Konkurrenten für die Nahrungsversorgung.

Ich habe diese Schafe viele Male in den Rocky Mountains beobachtet. Mein vielleicht denkwürdigstes Erlebnis mit dieser Art war auf dem Mount Cochran im Süden von Montana. Es war ein grauer, stürmischer Tag im September, an dem gelegentlich Schneegestöber über die Gipfel fegten. An der Ostseite des Berges erstreckte sich ein steiler Abhang aus Rutschgestein über etwa 1.000 Fuß von einem der oberen Bergrücken bis zur Waldgrenze. Da ich nicht damit rechnete, auf dieser Höhe Wild zu sehen, stieg ich den Hang hinauf, ohne mir die Mühe zu machen, ruhig zu bleiben. Bei meinem Vorankommen lösten sich mehrere Steine und stürzten rasselnd über die Schuttmasse hinab. Auf dem Gipfel des Bergrückens bildete eine niedrige Böschung einen bequemen Windschutz gegen den Sturm, der die Wolken in Fetzen riss, als sie den gegenüberliegenden Hang hinauftrieben, und ich setzte mich hin, um zu Atem zu kommen, bevor ich in seine volle Kraft eintauchte. Als ich dort saß und die Szene unter mir betrachtete, wurde meine Aufmerksamkeit durch ein leises Husten ganz in der Nähe erregt. Als ich nach links blickte, etwa 40 Fuß entfernt und 15 Fuß über mir, sah ich zwei prächtige Widder, die auf einer vorspringenden Spitze standen und auf mich herabblickten. Sie schienen keine Angst zu haben; Vielmehr zeigten sie eine tiefe Neugier, was für ein seltsames Tier es war, das in ihr Reich eingewandert war. Fast eine halbe Stunde lang wagte ich kaum zu atmen, aus Angst, sie zu erschrecken. Zuerst blickten sie mich starr an, stießen ab und zu einen leisen, schnaufenden Husten aus und stampften mit den Füßen auf . Als ich mich dann nicht bewegte, drehten sie sich um und wechselten ihre Position. Manchmal warfen sie einen langen Blick über die Berge, bevor sie ihre Aufmerksamkeit wieder auf sich zogen. Als die Kälte schließlich bis in meine Knochen gedrungen war, stand ich auf. Sie waren blitzschnell weg und tauchten hinter ihrem Aussichtspunkt wieder auf, gefolgt von zwei Mutterschafen und einem fast ausgewachsenen Lamm. Während ich zusah, stürmten sie auf eine steile Klippe zu, die sich bis zum Gipfel erhob, und sprangen mit kaum nachlassender Geschwindigkeit dessen Wand hinauf, bis sie in den Wolken verloren gingen.

Obwohl dies im Jahr 1928 geschah, ist das Erlebnis in meiner Erinnerung so lebendig, als ob es gestern geschehen wäre. Das vielleicht auffälligste Merkmal von Dickhörnern, das man aus dieser Nähe sieht, sind die Augen. Man könnte sie als klaren, goldenen Bernstein mit einer langen, ovalen, samtig schwarzen Pupille beschreiben. Ihnen wird ein teleskopisches Sehvermögen zugeschrieben, und sie müssen zu den nützlichsten und schönsten Augen gehören, die es im Tierreich gibt.

Pronghorn (Antilope)
Antilocapra americana (lateinisch: Antilope und Ziege, amerikanisch)

VERBREITUNGSGEBIET : West-Texas, Ost-Colorado und Zentral-Wyoming bis Süd-Kalifornien und West-Nevada sowie von Süd-Saskatchewan im Süden bis Nord-Mexiko.

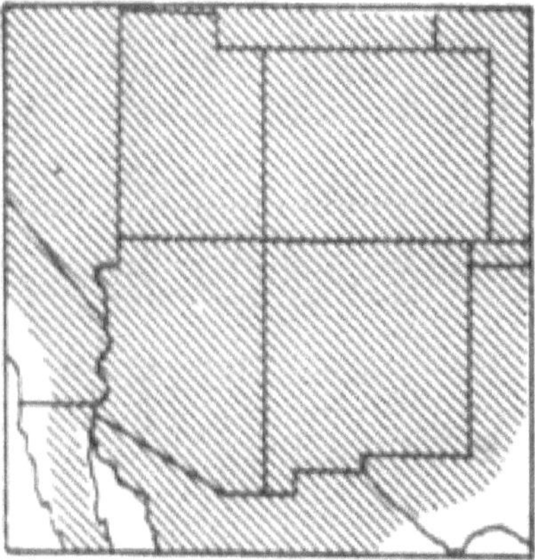

LEBENSRAUM : Grasland von Tafelbergen und Prärien, hauptsächlich in der oberen Sonora-Zone.

BESCHREIBUNG : Ein weiß-lohfarbenes Tier, deutlich kleiner als ein Reh; Hörner mit einer einzigen flachen, nach vorne gebogenen Zinke. Gesamtlänge etwa 4 Fuß. Schwanz etwa 6 Zoll. Durchschnittsgewicht 100 bis 125 Pfund. Die Farbe ist braun oder schwarz, unter dem Bauch und an der Innenseite der Beine weißlich. Zwei auffällige weiße Bänder unter dem Hals und der große weiße Fleck aus erektilen Haaren am Rumpf unterscheiden sich von den Abzeichen anderer einheimischer Tiere. Eine kurze, steife Mähne aus dunklen Haaren folgt dem Nacken von den Ohren bis zu den Schultern. Hufe schwarz, Hörner ebenfalls schwarz, mit Ausnahme der hellen Spitzen bei älteren Männchen. Beide Geschlechter gehörnt. Junge, normalerweise zwei, geboren im Mai.

Gabelbock

Gabelböcke sind einzigartig unter den Paarhufern des Südwestens. Es gibt nur eine Art mit mehreren Unterarten; eine Varietät *mexicana* , die einst entlang der mexikanischen Grenze verbreitet war, gilt hierzulande als ausgestorben. Der Gabelbock hat keine „Taukrallen" wie die meisten anderen Tiere mit geteilten Hufen. Die Hörner besitzen permanente Knochenkerne, werfen jedoch jedes Jahr die äußeren Hüllen ab. Wenn diese abfallen, sind die nachfolgenden Hüllen bereits gut entwickelt. Obwohl diese neuen Hüllen zunächst weich und mit einem spärlichen Wachstum kurzer, steifer Haare bedeckt sind, die dem Samt bei Geweihtieren entsprechen, dauert es nicht lange, bis sie hart werden und zu gefährlichen Waffen werden. Ihre volle Entwicklung erreichen sie etwa zum Zeitpunkt der Brunftzeit; Es ist bekannt, dass Böcke in den wilden Auseinandersetzungen, die zu dieser Zeit ausbrechen, bis zum Tod kämpfen.

Ohne seine ungewöhnlichen Hörner wäre der Gabelbock wahrscheinlich unter einem gebräuchlichen Namen wie „Weißschwanzantilope" bekannt, denn der schöne weiße Rumpffleck ist zweifellos sein zweitauffälligstes Merkmal. Allerdings wurden mindestens zwei andere Tiere „Antilope" genannt, weil ihre Hinterteile eine gewisse Ähnlichkeit aufweisen. Es handelt sich um das Weißschwanz-Ziesel und das Antilopenhase der Sonoran Life Zone. Das Erdhörnchen (*Citellus leucurus*) hat lediglich eine weiße Bauchfläche an seinem Schwanz, die beim Umdrehen als blinkendes Signal dienen kann oder auch nicht, aber das Antilopen-Hasenkaninchen (*Lepus alleni*) hat einen Rumpffleck, der sowohl im Aussehen als auch in der Art eine verblüffende Ähnlichkeit mit dem Gabelbock aufweist von Nutzen. In beiden Fällen bestehen die Bürzelflecken aus langen, erektilen weißen Haaren, die aufgerichtet werden, wenn das Tier alarmiert ist. Im Flug sollen sie als Warnsignale dienen; Auf jeden Fall sind sie ein sehr wirkungsvoller Blickfang, und auf den offenen Ebenen sind die Gabelböcke aus einer Entfernung zu sehen, in der sie vom Rest des Tieres nicht zu unterscheiden sind. Andererseits kann es durchaus sein, dass dieses auffällige Schmuckstück dazu gedacht ist, die Aufmerksamkeit eines Feindes zu erregen und ihn dazu zu bringen, ein erwachsenes Individuum zu verfolgen, anstatt ihm zu erlauben, die hilflosen Jungen zu entdecken. Keines der beiden Tiere kann in puncto Geschwindigkeit auf ebenem Boden mit einem einheimischen vierfüßigen Raubtier mithalten.

In früheren Zeiten lebte der Gabelbock meist im Tal und in der Prärie. Im Südwesten durchstreifte es einen Großteil der oberen und unteren Sonora-Lebenszone, wo immer geeignetes Gras und Kräuter zu finden waren. In den Prärien des Mittleren Westens weideten Gabelbockgruppen in unmittelbarer Nähe von Büffelherden. In der Mitte des letzten Jahrhunderts war es das einzige Tier, dessen Zahl auch nur annähernd der letzteren angehörte. Er ist anpassungsfähiger als der Büffel und hat sich vor dem Vormarsch der Zivilisation zurückgezogen und neue Verbreitungsgebiete in rauem und zerklüftetem Land erobert, das für die Landwirtschaft ungeeignet ist. Dieser liegt in der Regel deutlich über dem bisherigen Bereich. Gabelböcke kommen in der Lower Sonoran Life Zone nicht mehr vor, außer in kleinen Gruppen, die von weiter nördlich eingeführt wurden. Die größte Population lebt heute in den oberen Teilen des Upper Sonoran und am unteren Rand der Transition Life Zone. Das Tier galt schon immer in gewissem Maße als Zugvogel, da es in den Wintermonaten von den Hochebenen im Sommer in die Schutzgebiete wärmerer Täler zog. Diese Angewohnheit ist in späteren Jahren auf den höheren Ebenen, in denen er jetzt lebt, noch ausgeprägter. Diese schlanken, langbeinigen Kreaturen sind im Tiefschnee nahezu hilflos und meiden ihn, wann immer es möglich ist. Es ist sogar bekannt, dass sie sich in strengen Wintern unter das Vieh mischen und sich mit ihm an die Futterplätze gesellen, ein Hinweis auf das extreme Bedürfnis, dem scheue Gabelböcke manchmal ausgesetzt sind.

Sie sind im Wesentlichen Weidetiere. Früher fraßen sie im Sommer Präriegräser; Im Winter lieferten dieselben Gräser ausgezeichnetes Heu, das durch das Trocknen an den Wurzeln nur wenig an Nährstoffen verlor. Darüber hinaus fraßen sie niedriges Gras und knabberten an Blättern, Knospen und Früchten von Sträuchern, die entlang der Wasserläufe wuchsen. Ihre Nahrung ist heute weitgehend die gleiche, außer dass sie in den vielen Gebieten, in denen sie Konkurrenz durch Weidevieh bekommen, zweifellos auf mehr Weidevieh zurückgreifen als früher.

Natürliche Feinde des Gabelbocks sind Legion, ihr Erfolg gleichgültig. Jeder große Fleischfresser wird die Chance nutzen, sich einen zu schnappen, und es ist bekannt, dass sogar der Steinadler sie tötet. Die schwersten Raubzüge werden an den Jungen verübt, die zu klein sind, um der Mutter zu folgen. Allerdings sind diese Angriffe mit Gefahren verbunden, denn die

Weibchen sind sehr mutig bei der Verteidigung ihrer Jungen und manchmal schließen sich mehrere zusammen, um einen Feind in die Flucht zu schlagen. Zusätzlich zu diesem Schutz, den erwachsene Mitglieder der Gruppe ihnen bieten, verfügen die Jungen über eine nahezu perfekte Tarnung in ihrem schlichten Fell, das so gut mit der Farbe des Grases harmoniert, in dem sie normalerweise verborgen liegen. Aufgrund ihrer Schnelligkeit fallen nur wenige erwachsene Tiere Raubtieren zum Opfer. Es wurden viele Versuche unternommen, die Geschwindigkeit des Gabelbocks im Flug zu messen, aber die Schätzungen schwanken stark. Obwohl ein schnelles Pferd auf glattem, ebenem Boden mithalten kann, ist es auf steinigem Boden oder in unwegsamem Gelände schnell hinter ihm her.

Babygabelbock

Bison (Büffel)
***Bison Bison* (deutscher Name für dieses Tier)**

VERBREITUNGSGEBIET : Derzeit kommen Bisons nur in weit verstreuten Schutzgebieten vor. In der Kolonialzeit erstreckten sie sich vom südlichen Alaska bis zu den Ebenen von Texas, von den Rocky Mountains bis zum Atlantik und bis nach Georgia. Sie waren in historischen Zeiten in Utah, Colorado und New Mexico bekannt.

LEBENSRAUM : Hauptsächlich Grasland; Eine vergleichsweise kleine Anzahl, die vor Ort als „Waldbisons" bekannt ist, lebte in den Waldrändern.

BESCHREIBUNG : Obwohl Bisons fast jedem bekannt sind, können einige Zahlen zu Gewichten und Abmessungen überraschend sein. Bullen wiegen bis zu 1800 Pfund, erreichen eine Schulterhöhe von 6 Fuß und eine Länge von bis zu 11 Fuß, wovon etwa 2 Fuß auf den kurzen Schwanz entfallen. Kühe wiegen im Durchschnitt viel kleiner, zwischen 800 und 1000 Pfund, und selten über 7 Fuß lang. Beide Geschlechter haben schwere, schwarze, scharf gebogene Hörner, die schnell spitz zulaufen, und einen dichten Wollhaarwuchs, der den größten Teil des Kopfes und der Vorderhand bedeckt. Darüber liegt ein großer Buckel, der steil zum Hals hin abfällt. Der Kopf ist massiv, die Hörner sind weit auseinander und die kleinen Augen liegen weit auseinander. Aus dem Unterkiefer schwingt ein schwerer „Ziegenbart". All diese Merkmale verleihen dem Tier ein äußerst schwerfälliges Aussehen. Dennoch sind Bisons überraschend beweglich und keine Geschöpfe, mit denen man leichtfertig umgehen sollte, insbesondere in der Brutzeit, wenn Bullen ohne große Provokation angreifen. Wie die meisten Wildrinder bringen Bisons normalerweise nur ein Kalb pro Jahr zur Welt. Zwillinge sind selten.

Die Geschichte des Bisons ist einzigartig in den Annalen der amerikanischen Säugetierkunde. Es basiert auf einfachen wirtschaftlichen Überlegungen und spiegelt die Übergabe der westlichen Prärien von der indianischen Kontrolle an die Weißen wider. Im Endstadium ist es eine erbärmlich kurze Geschichte, die nur 50 Jahre benötigt, um eine riesige, Millionen zählende Spezies von einer ausgeglichenen Existenz bis zum Aussterben zu bringen. Doch angesichts der Natur der Zivilisation und des Fortschritts hätte es kein anderes Ende geben können, also ist es vielleicht gut, dass es schnell vorbei war.

Unzählige Jahrhunderte lang waren die Bisons durch die Prärien gewandert und hatten auf ihren saisonalen Wanderungen Wirbel in den großen Herden erzeugt, die die Ebenen verdunkelten. Sie waren die Heimat des Indianers und des Grauwolfs, doch waren sie so gut an ihr Leben angepasst, dass diese Plünderungen lediglich normale Angriffe auf ihre Zahl darstellten. Sie trieben mit den Jahreszeiten und den Wetterzyklen und grasten auf den nahrhaften Gräsern der Prärie. Wetter und Nahrungsmittelversorgung; Dies waren die Hauptfaktoren, die die „Büffel"-Population bis zur Ankunft des weißen Mannes kontrollierten.

Der erste Weiße, der einen amerikanischen Bison sah, soll Cortez gewesen sein, der 1521 in Montezumas Tiersammlung über ein solches Tier schrieb. Diese Menagerie wurde in der aztekischen Hauptstadt auf dem Gelände des heutigen Mexiko-Stadt aufbewahrt. Dort war der Bison ein Exot, Hunderte Meilen südlich seines Verbreitungsgebiets. Im Jahr 1540 entdeckte Coronado die Zuni-Indianer im Norden von New Mexico, die Bisonhäute verwendeten, und traf die Art ein kurzes Stück nordöstlich von diesem Punkt in den großen Ebenen. Der östliche Rand des Rio Grande Valley in New Mexico scheint die westliche Grenze der Bisons im Südwesten gewesen zu sein. Das ungünstige Klima und die vergleichsweise starke indianische Bevölkerung des Tals verhinderten wahrscheinlich ein weiteres Vordringen in diese Richtung.

Von 1540 bis 1840 beschränkte der Weiße seine Aktivitäten in den westlichen Ebenen auf Erkundungen. Die amerikanische Kolonisierung hatte den Mississippi erreicht, blieb aber dort, während sie ihre Kräfte für die Expansion sammelte, die später den Westen besiedelte. Unter mexikanischer Herrschaft entwickelte sich der Südwesten nur sehr langsam. Dann ereignete sich innerhalb von 50 Jahren eine Kette von Ereignissen, die das Schicksal des Westens bestimmten und das Schicksal der Bisonherde besiegelten.

Bison

Herausragende Ereignisse unter diesen Ereignissen waren: der Krieg mit Mexiko, 1844; der Goldrausch 1849 nach Kalifornien; der Gadsden-Kauf im Jahr 1854; und Fertigstellung der transkontinentalen Eisenbahn im Jahr 1868. Die ersten drei fügten den Vereinigten Staaten neues und wichtiges Territorium hinzu. Dies machte den Bau von Transport- und Kommunikationseinrichtungen zu einer lebenswichtigen Notwendigkeit, weshalb auch die Eisenbahn entstand. Die Fertigstellung der Union Pacific Railroad im Jahr 1868 teilte die Bisonpopulation in südliche und nördliche Herden und machte die Marktjagd rentabel. Drei Faktoren trugen zur Ausrottung bei: Gewinn aus dem Handel mit Häuten, Fleisch und Knochen; Kontrolle lästiger Indianerstämme durch Beseitigung einer ihrer Hauptnahrungsquellen; und schließlich die Beseitigung jeglicher Konkurrenz auf den grasbewachsenen Ebenen von Texas und Kansas mit den großen Herden von Longhorn-Rindern , die anfingen, Geschichte im Western Range zu schreiben. Im Jahr 1874, nur sechs Jahre nach der Fertigstellung der Union Pacific, war die Abschlachtung der südlichen Herde abgeschlossen. Es ist interessant festzustellen, dass nicht ein einziges Gesetz zum Schutz der südlichen Herde verabschiedet wurde.

Der nördlichen Herde ging es etwas besser. Schonzeiten wurden 1864 in Idaho, 1871 in Wyoming, 1872 in Montana, 1875 in Nebraska, 1877 in Colorado, 1880 in New Mexico sowie 1883 in North und South Dakota eingeführt. Dennoch schrumpfte die Herde und war 1890 fast ausgestorben . Seitdem wurden durch sorgfältiges Management einige kleine Herden in Parks und Schutzgebieten gegründet, doch heute muss der Bison eher als domestiziertes Tier denn als wildes Tier betrachtet werden.

Obwohl das Tier für die Südwestindianer wirtschaftlich nicht so wichtig war wie für die Prärieindianer, war es ein religiöses Symbol von gewissem Wert. Archäologische Funde weit westlich des historischen Gebirges und Tänze, die immer noch bei Zeremonien verwendet werden, zeigen, dass mehrere südwestliche Stämme Jagdgruppen nach Osten in das Bisonland schickten. Das muss sehr gefährlich gewesen sein, denn die Prärieindianer hätten sie als Eindringlinge betrachtet. Bisons dienten ihnen als Nahrung, Unterschlupf und Kleidung. Stellen Sie sich ihre Bestürzung vor, als weiße Männer begannen, die Quelle ihres Lebensunterhalts abzuschlachten.

Heute gibt es nur noch wenige Erinnerungen an die großen Herden des Westens. Vielleicht könnte jemand, der sich gut mit den Lebensweisen dieser Wildrinder auskennt, noch Spuren der tief eingeschnittenen Pfade finden, die zu den Wasserstellen führten, oder flache Vertiefungen, in denen sich die tollpatschigen Tiere einst im Schlamm suhlten. Viele der indischen Tänze erinnern an die Bedeutung dieses Tieres für den Urmenschen. Unsere vielleicht beständigste Erinnerung ist die Münze, die an dieses Symbol des Wilden Westens erinnert und auf der einen Seite den Indianer und auf der anderen den Bison zeigt.

Maultierhirsch
Odocoileus hemionus (Griechisch: odous , Zahn und koilus , hohl. Griechisch: hemionus, Maultier)

VERBREITUNGSGEBIET : Westliche Hälfte Nordamerikas von Zentralkanada bis Zentralmexiko.

LEBENSRAUM : Wälder und Buschgebiete vom Meeresspiegel bis zum unteren Rand der alpinen Lebenszone.

BESCHREIBUNG : Ein Hirsch mit großen Ohren und einem Schwanz, der entweder ganz oben oder an der Spitze schwarz ist. Gesamtlänge eines durchschnittlichen Erwachsenen etwa 6 Fuß. Schwanz etwa 20 cm. Das Fell ist im Sommer rötlich und im Winter blaugrau. Unterteile und Innenseiten der Beine heller. Einige Formen dieser Art haben einen weißen Rumpffleck, andere keinen. Der Schwanz kann eine schwarze Spitze haben oder auf der gesamten Rückenfläche schwarz sein, ist aber spärlicher behaart als bei anderen einheimischen Hirschen und zumindest auf einem Teil der Unterseite nackt. Nur die Böcke haben ein Geweih. Diese sind typisch für gleichmäßige Abzweigungen vom Hauptträger. Sie werden jedes Jahr abgeworfen.

Maultierhirsch

Der Maultierhirsch ist typisch für die westlichen Berge. Selbst in der Frühzeit wurde er nie östlich des Mississippi gefunden und ist heute nur noch selten östlich der Rocky Mountains zu sehen. In den Vereinigten Staaten ist nur eine Art anerkannt, obwohl es in ihrem weiten Verbreitungsgebiet viele Unterarten gibt. Alle zeichnen sich durch die Größe ihrer Ohren aus, woraus sich der gebräuchliche Name „Maultier" ableitet. Der Schwarzwedelhirsch der Pazifikküste, der lange Zeit als eigenständige Art galt, wird heute als Unterart des Maultierhirsches eingestuft.

Im Allgemeinen können die Hirsche der Vereinigten Staaten in zwei Gruppen eingeteilt werden, die geografisch durch die Kontinentalscheide getrennt sind. Östlich dieser Linie liegt das von der Weißwedelgruppe besetzte Gebiet; westlich davon leben die Maultierhirsche. Da Arten an geografischen Grenzen selten abrupt enden, stellen wir in diesem Fall fest, dass eine Weißwedel-Unterart, die vor Ort als Sonora-Fantail bekannt ist, entlang der mexikanischen Grenze bis zum Colorado River im Westen vorkommt, einem Gebiet, das auch von in der Wüste lebenden Maultierhirschen bewohnt wird . In ähnlicher Weise sind die Maultierhirsche der Rocky Mountains auch jetzt noch in den

Badlands von North Dakota zu sehen, mehrere hundert Meilen östlich der Kontinentalscheide und weit im westlichen Bereich der Weißwedelhirsche.

Obwohl sich die beiden Arten stellenweise vermischen, sind sie selbst für Anfänger leicht voneinander zu unterscheiden. Da das Tier in vielen Fällen nur im Flug gesehen wird, ist die Art des Laufens vielleicht der auffälligste Feldunterschied. Der an das Leben in rauem Gelände angepasste Maultierhirsch springt mit steifbeinigen Sprüngen davon, die auf der Ebene eher unbeholfen aussehen, ihn aber mit überraschender Geschwindigkeit einen steilen Hang hinauf tragen können. Der Seeschwanz hingegen streckt sich aus und rennt im schaukelnden Galopp. Hirsche fliehen selten gemächlich vor einem Menschen und spannen normalerweise alle Muskeln an, um ihren Feind so schnell wie möglich zu verlassen. In dem rauen, zerklüfteten Gelände, in dem sich Maultierhirsche tummeln, sorgt diese Taktik oft für erhebliche Aufregung.

Ich erinnere mich an eine Herde von schätzungsweise 70 Hirschen, die ich an einem steilen Berghang im Süden Utahs sprang. Das Krachen des Gestrüpps, das Knistern der Hufe und der Lärm der Steine, die sich bei ihrem Flug lösten, erweckten den Eindruck eines Erdrutschs.

Ein weiterer leicht erkennbarer Feldunterschied zwischen Maultier und Weißwedelhirsch ist der dunkle, kurzhaarige Schwanz des ersteren im Vergleich zum großen weißen Fächer des letzteren. Der Schwanz des Maultierhirsches scheint in keiner Weise als Signal zu dienen. Im Flug wedelt er nicht hin und her, wie es beim Weißwedelschwanz der Fall ist.

Das Geweih des Maultierhirsches unterscheidet sich von dem anderer Großwildarten, die in seinem Verbreitungsgebiet leben. Sie sind in der Regel beeindruckend groß und wirken aufgrund des hohen Winkels, in dem sie vom Kopf abstehen, oft größer. Die Ausbreitung ist im Verhältnis zur Höhe breit; Daher ist es nicht ungewöhnlich, dass ein gut geweihter Bock mit einem Elch verwechselt wird, insbesondere aus der Ferne. Das Besondere an den Geweihen ist, dass sie einen Strahl haben, der sich gleichmäßig gabelt, um die Spitzen zu bilden. So könnte ein typischer Kopf fünf Punkte haben, nämlich: den basalen Haken, eine kleine Zinke, die vom Balken in der Nähe des Kopfes aufsteigt; und vier Punkte, zwei von der Gabelung jeder Teilung des Balkens. Die westliche Art, die Punkte zu zählen, besteht darin, nur die Punkte eines Geweihs zu zählen; Die im Osten häufig verwendete Methode zählt alle Punkte von beiden. Die Anzahl der Punkte sagt nicht unbedingt das Alter eines Hirsches aus. Unter normalen Bedingungen nehmen die Geweihe mit jedem neuen Paar an Größe und Spitze zu, bis die Geweihreife erreicht ist. Anschließend werden sie mehrere Jahre lang etwa gleich groß. Im Alter nimmt die Entwicklung des Geweihs normalerweise mit jedem weiteren Jahr ab, bis es im Alter möglicherweise so klein ist wie das eines jungen Hirsches. Der Zustand von Zähnen und Hufen ist ein genauerer Hinweis auf das Alter, auch wenn dieser Methode das Ansehen des altehrwürdigen Punktesystems fehlt.

Lebensraumtypen etablieren kann , scheint es, dass er kaum vom Aussterben bedroht ist. Es ist wahrscheinlich, dass die verschiedenen Unterarten bald verschwinden werden, da ihr Verbreitungsgebiet rasch von der Landwirtschaft oder der Holzfällung eingenommen wird. Bei einem gewissen Schutz wird die Art noch viele Jahre in den höheren Bergen überleben.

Weißwedelhirsch
Odocoileus virginianus **(Griechisch: odous , Zahn und koilus , hohl. Lateinisch: von Virginia)**

Weißwedelhirsch

VERBREITUNGSGEBIET : Größtenteils östlich der Kontinentalscheide in den Vereinigten Staaten, nördlich bis Südkanada und der größte Teil Mexikos mit Ausnahme von Baja California.

LEBENSRAUM : Buschiges und bewaldetes Land.

BESCHREIBUNG : Ein Hirsch mit einem großen weißen Schwanz, der hochgehalten und hin und her wedelt, während er durch das Unterholz davonläuft. Im Südwesten kommen zwei geografische Varianten vor, die Unterart *virginianus* und die Unterart *couesi* ; Letzterer ist vor Ort als Sonora-Fantail bekannt und wird in den Vereinigten Staaten nur in einem begrenzten Verbreitungsgebiet entlang der Grenze gesehen. *Odocoileus virginianus* aus dem Südwesten ist ein großer Hirsch. Normalerweise wiegt es zwischen 150 und 250 Pfund, manchmal bis zu 300 Pfund. Das durchschnittliche erwachsene Tier hat eine Gesamtlänge von etwa 6 Fuß. Schwanz etwa 10 Zoll. Die Farbe ist im Sommer rötlich und wechselt im Winter zu Grau. Bauch, Innenseiten der Beine und Unterseite des Schwanzes sind weiß. Die Ohren sind klein. Geweihe haben aufrechte Zinken aus einem einzigen Balken.

Wie der spezifische Name andeutet, handelt es sich dabei um denselben Hirsch, der auch in den östlichen Staaten zu finden ist. Er ist auch als Flachland -Weißwedelschwanz bekannt, da er früher in den Prärieregionen entlang von Buschland und Flussufern verbreitet war. Da es sich überwiegend um ein östliches Tier handelt, kommt es am häufigsten in den östlichen Staaten vor und nimmt westlich bis zur Kontinentalscheide in seiner Zahl ab. Einige verstreute Gruppen kommen im pazifischen Nordwesten vor, und die Unterart *couesi* erstreckt sich westwärts entlang der mexikanischen Grenze bis zum Colorado River.

Der Weißwedelhirsch kann vom Maultierhirsch durch eines von drei Merkmalen unterschieden werden, die alle im Freiland deutlich erkennbar sind. Dies sind: Form und Bau des Geweihs, Größe und Farbe des Schwanzes sowie Laufweise. Das Geweih besteht aus zwei Hauptbalken, die sich, nachdem sie sich vom Kopf erhoben haben, fast im rechten Winkel nach vorne krümmen und dabei eine Linie von der Stirn zur Nase ziehen. Von diesen Hauptträgern ragen die Zinken empor. Beim Maultierhirsch steigen die Balken von Kopf und Gabel in einem höheren Winkel an, anstatt einzeln zu bleiben. Der Weißschwanzschwanz ist lang und buschig, rundum voll behaart und an der Unterseite reinweiß. Im Flug wird es aufgerichtet und hin und her bewegt. Zusammen mit der weißen Innenseite der Schinken sorgt dies für einen tollen Anblick weißer Haare, wenn sich das Tier zurückzieht. Der Maultierhirsch hat einen dünnen, spärlich behaarten Schwanz, der an der Unterseite kahl ist und beim Laufen nicht hin und her wedelt. Der „Weißwedelschwanz" läuft in flottem Galopp mit dem Bauch dicht über dem Boden; Der Maultierhirsch springt mit einer Reihe ballettartiger Sprünge davon.

Dies ist der Hirsch, der so viel zu den Pionieren auf ihrer Wanderung von den Atlantikstaaten nach Westen beigetragen hat. Es war nicht nur wegen seines Fleisches wichtig, sondern auch wegen seiner Haut, die nach dem Gerben zu den Mokassins, Hosen und Mänteln aus Wildleder verarbeitet wurde, die früher häufig von Naturliebhabern getragen wurden. Seine Verbreitung ist heute im Vergleich zum früheren Verbreitungsgebiet lückenhaft, obwohl es heute in den Vereinigten Staaten wahrscheinlich mehr Weißwedelhirsche gibt als zur Kolonialzeit. Dies liegt vor allem daran, dass in den dicht besiedelten östlichen Bundesstaaten Raubtiere auf ein Minimum reduziert und die Jagdzeiten sorgfältig reguliert wurden. Es ist noch zu früh, um zu sagen, ob die Eliminierung von Raubtieren zu einer minderwertigen Hirschrasse führen wird, aber die relative Überbevölkerung in vielen Gegenden wird durch mangelndes Weidengebiss, Krankheiten und übermäßige Tötung im Winter angezeigt. Letzteres war insbesondere in einigen nördlichen Staaten ein Problem. „Weißwedelhirsche" sind gesellige Tiere, die sich zeitweise, besonders im Winter, in beträchtlicher Zahl zusammenschließen. Eine Gruppe von ihnen bleibt im Tiefschnee zusammen und ihre Hufe werden bald über eine kleine Fläche den Schnee hinuntertrampeln. Je weiter es schneit, desto tiefer werden die Schneeverwehungen um die „Hirschhöfe", und schließlich werden die Bewohner von dieser weißen Barriere so gefangen, als wären sie eingezäunt. Wenn die Anzahl der Tiere im Hof zu groß ist, verschwindet der verfügbare Weidebestand bald und viele verhungern, bevor das warme Wetter zurückkehrt. In den meisten Berggebieten im Südwesten, die von Weißwedelhirschen bewohnt werden, ist Schnee kein Problem. Wenn der Schnee zu tief wird, ziehen die Herden einfach ins Tiefland. Diese saisonale Bewegung ist so ausgeprägt, dass dieser Hirsch in manchen Gegenden als Zugtier eingestuft wird.

Im Einklang mit dieser Migrationstendenz folgt der „Weißwedelschwanz" einem abwechslungsreichen, aber gut ausgeprägten Lebensrhythmus. Ungefähr zur Zeit des Abwerfens des Winterfells im Spätfrühling werfen die Böcke auch ihr

Geweih ab. Unter dem Verlust dieser wunderschönen Waffen leiden ihre Persönlichkeiten. Sie verlassen die Gruppe, mit der sie den Winter verbracht haben, und steigen in die höheren Berge auf, um sich dort mit einigen ähnlich erkrankten Individuen zusammenzutun, bis ein neues Geweihwachstum ihre Würde wiederherstellt. Die Zurückgebliebenen haben ihre eigenen Probleme. Dazu gehört, die einjährigen Kitze zu vertreiben, damit sie für sich selbst sorgen können, damit die Hirschkühe den winzigen, gefleckten Neuankömmlingen, die im Hochsommer ankommen, ihre ungeteilte Aufmerksamkeit schenken können. Zu diesem Zeitpunkt haben die Erwachsenen das kurze, gelblich-rote Sommerfell angelegt. Die Kitze sind ebenfalls rötlich, aber mit hellen Flecken bedeckt, eine Kombination, die gut mit den Lichtern und Schatten an den gebüschigen Stellen harmoniert, wo sie sie verstecken. Sobald die Kitze groß genug sind, um ihren Müttern zu folgen, beginnen die kleinen Familiengruppen eine allmähliche Wanderung den Berghang hinauf. Es gibt mehrere Gründe für diesen Exodus, vor allem kühlere Temperaturen, besserer Weidegang und weniger stechende Insekten.

Während die Hirschkühe ihre Jungen großzogen, erholten sich die Böcke langsam auf den Bergkämmen darüber. Bis zum Frühherbst sind ihre neuen Geweihe verhärtet, vom Samt befreit und im Gestrüpp poliert. Mit wiederhergestellten Waffen suchen sie erneut die Gesellschaft der Hirsche. Die Brunftzeit kommt zu einer Zeit, in der die Böcke den Höhepunkt ihrer Vitalität und Kampfbereitschaft erreichen. Jährlinge und schwächere Böcke werden bald deklassiert, so dass die männlichsten und aggressivsten Männchen zu Vorfahren der Kitze des folgenden Jahres werden. Die Einfachheit dieses Systems wird nur durch seine Wirksamkeit übertroffen . Die natürliche selektive Züchtung ist einer der wichtigsten Faktoren für den Erhalt einer Art. Ein Rückgang der Anzahl der besten Zuchttiere führt oft zu einem minderwertigen Stamm. Bei der Erhaltung von Hirschherden ist zu bedenken, dass es nicht immer auf die *Anzahl* der Tiere ankommt. Eine kleinere Gruppe gesunder, kräftiger Individuen ist in der Regel wünschenswerter als eine größere Population in durchschnittlicher Verfassung.

Obwohl die Art aus vielen ihrer Verbreitungsgebiete in den Präriestaaten verschwunden ist, wird sie wahrscheinlich noch lange nicht aussterben. Von vielen Behörden als unser wichtigstes Wildtier eingestuft, war es in vielen Naturschutzexperimenten das „Versuchskaninchen". Es passt sich nahezu jeder Umgebung mit geeigneten Schutz- und Weidemöglichkeiten an und benötigt nur wenig Schutz, um sich gut zu etablieren. Der „wichtigste" Hirsch der Florida Everglades, ein winziges Tier, das nur 50 Pfund wiegt, ist jedoch vom Aussterben bedroht. Eine weitere Unterart, der „Sonora-Fantail", der in Mexiko und im Südwesten der USA beheimatet ist, ist in seiner Zahl stark zurückgegangen und scheint vom Aussterben bedroht zu sein.

Elch
Cervus canadensis (lateinisch: Hirsch oder Hirsch, aus Kanada)

VERBREITUNGSGEBIET : Entlang der Rocky Mountains der Vereinigten Staaten und Kanadas. Kommt auch in Zentralkanada, West-Oregon und Washington, Zentralkalifornien und verschiedenen kleinen Gebieten in den westlichen Staaten vor, in denen es eingeführt wurde.

LEBENSRAUM : Bewaldete Orte und hohe, geschützte Bergtäler.

BESCHREIBUNG : Ein sehr großer Hirsch mit riesigem Geweih, einem dünnen Hals und einem hellen Bürzelfleck. Gesamtlänge 80 bis 100 Zoll. Schwanz 4 bis 5 Zoll. Schulterhöhe 49 bis 59 Zoll. Durchschnittsgewicht 600 bis 700 Pfund, mit einem Maximum von etwa 1100. Das Fell ist im Sommer dunkel, im Winter heller. Längere Haare an Hals und Hals des Bullen bilden eine Mähne, die aus einiger Entfernung erkennbar ist. Das Geweih ist extrem groß, bei erwachsenen Männchen normalerweise sechs Spitzen.

Weibchen tragen normalerweise kein Geweih. Hufe sind schwarz. Die Jungen sind normalerweise eins, obwohl Zwillinge nicht selten sind.

Der Elch ist das größte Mitglied der im Südwesten der USA beheimateten Hirschfamilie. Es war einst weit verbreitet und nicht nur im gesamten Mittleren Westen, sondern auch in den meisten östlichen Staaten bekannt. Tatsächlich ist einer seiner gebräuchlichen Namen, „Wapiti", ostamerikanischen indianischen Ursprungs; es wurde von den Algonquins so genannt. Die Crees Kanadas und der Nordstaaten nennen ihn „ wapitiu " (blassweiß), um ihn von den dunkler gefärbten Elchen zu unterscheiden, mit denen er in dieser Region in Verbindung gebracht wurde. Heute ist sie auf die Rocky Mountains und den Westen der Vereinigten Staaten sowie auf die Rocky Mountains und den zentralen Teil Kanadas beschränkt. Viele Herden, die es heute in den westlichen Staaten gibt, wurden eingeführt, um die in der Anfangszeit gedankenlos ausgerotteten Herden zu ersetzen. Dies war in Arizona und New Mexico der Fall, wo der Merriam-Elch vor 1900 verschwand. Dieser Elch, der heute nur noch aus spärlichen Aufzeichnungen und einigen wenigen aufgesetzten Köpfen und Schädeln bekannt ist, war ein Riese seiner Art. Er war nicht nur größer als der Wyoming-Elch, der jetzt seinen Platz einnimmt, sondern hatte auch ein entsprechend massives Geweih. Sein Tod ist eine düstere Warnung davor, was dem Tule- Wapitis, einem Zwergelch aus Zentralkalifornien, der auf eine gefährlich kleine Herde reduziert wurde, leicht passieren könnte. Die jetzt im Südwesten vorkommenden Elche sind, größtenteils, wenn nicht alle, Nachkommen von Individuen, die aus den großen Herden des Yellowstone-Park-Gebiets gejagt wurden. In ihrer neuen Heimat pflegen sie die gleichen Gewohnheiten, die die Art in Wyoming charakterisieren.

Neben Büffeln sind Elche die geselligsten Großsäuger in den Vereinigten Staaten. Das Ausmaß, in dem sie sich zusammenschließen, variiert je nach Jahreszeit und kann auf ihren Migrationsinstinkt zurückgeführt werden. Während der Sommermonate sind die Bänder klein und weit verstreut hoch in der Transition Life Zone und zeitweise sogar noch höher. Wenn das kalte Wetter einsetzt , arbeiten sie sich ins Tiefland vor, und im Winter versammeln sie sich in geschützten Grastälern. Dieser Exodus in die Winterquartiere kann einer der aufregendsten Anblicke in der Natur sein. Im Norden ist es nicht ungewöhnlich, dass Herden von tausend oder mehr dieser stattlichen Tiere in eines der bevorzugteren Täler ziehen. Sie verfügen über den bei den meisten Tieren so hoch entwickelten Instinkt, zu wissen, wann ein Sturm bevorsteht, und die Wanderung kann innerhalb von 48 Stunden abgeschlossen sein, bei schlechtem Wetter sogar noch schneller.

Die Konzentration Hunderter dieser hungrigen Tiere auf einem kleinen Gebiet führt zu zahlreichen Problemen, von denen das größte die Futterknappheit ist. Bevor der Weiße Mann kam, war die Elchpopulation weiter verstreut und es standen viele Winterfutterplätze zur Verfügung. In diesen unbeweideten Gebieten konnten sie mit ihren Pfoten durch den Schnee bis zum nahrhaften, trockenen Gras darunter scharren. Große Herden müssen jetzt mit Heu gefüttert werden, um andernfalls auftretende Winterverluste zu vermeiden. Im Südwesten mit seinen vergleichsweise milden Wintern und der geringen Population haben die Tiere kaum Schwierigkeiten, die Stürme ohne menschliche Hilfe zu überstehen. Die heutigen Herden scheinen gut etabliert zu sein und sollten bei geeigneten Schutzmaßnahmen noch viele Jahre lang ein wertvoller Teil unserer Tierwelt bleiben.

Elch

Obwohl sie wandernd sind, müssen Elche dennoch große jahreszeitliche Temperaturschwankungen überstehen. Um sich an diese Veränderungen anzupassen , haben sie zwei spezielle Mäntel entwickelt, einen für den Sommer und einen für den Winter. Das Wintergewand wird früh im Herbst angelegt; Es besteht aus einem dicken Fell aus braunem Wollunterfell mit Deckhaaren, die von grau an den Seiten bis fast schwarz an Hals und Beinen variieren. Alte Bullen sind tendenziell schwarz-weißer als Kühe und jüngere Tiere. Dieses schwere Fell, oft auch „grauer" Mantel genannt, wehrt wirksam kalte Winde ab, die durch die Berge fegen, und isoliert den Träger vor Schnee, der in die Außenfläche getrieben wird. Im Frühjahr wird dieser Mantel abgeworfen, um Platz für einen leichten Sommermantel zu machen. Die verfilzten Haare fallen in großen Büscheln ab und die Tiere sehen 2 Monate oder länger ungepflegt aus. Das Sommerfell besteht aus kurzen, steifen Haaren mit wenig Unterfell. Im Vergleich zu den harten Deckhaaren des Winterfells ist das Fell glänzend. Die Farbe ist gelbbraun und erscheint aus der Ferne rötlich. Der Rumpffleck hat bei beiden Fellen eine hellbraune Farbe.

Mit Beginn des Frühlings verlieren die Bullen ihre großen Geweihe, die sie den Winter über getragen haben. Dies geschieht durch eine allgemeine Verschlechterung der Geweihbasis, begleitet von einer gewissen Reabsorption von Gewebe an dieser Stelle. Das Geweih kann einfach abfallen oder in seinem geschwächten Zustand bei Kontakt mit niedrig hängenden Ästen abbrechen. Normalerweise werden sie im März abgeworfen und im Mai beginnt ein neues Paar zu wachsen. Wie beim Rest der Hirschfamilie ist das neue Wachstum von einem dichten Samtbewuchs bedeckt. Die ersten Stadien sehen ziemlich lächerlich aus, da das Geweih in aufeinanderfolgenden Stadien Spitzen entwickelt, wobei jeder Zinken seine Reife erreicht, bevor der nächste zu wachsen beginnt. Irgendwann „holt" die Höhe des Geweihs sozusagen mit der überragenden Basis ein. Bei voller Reife, die im August erreicht ist, gibt es nur wenige Anblicke, die so beeindruckend sind wie ein Elchbulle im Samt. Wenn dieses Stadium erreicht ist, beginnen die Geweihe, die bisher äußerst empfindlich waren, zu verhärten und ihr Gefühl zu verlieren. Die Bullen streifen den Samt ab, indem sie an Ästen und Gestrüpp reiben. Allmählich kommt der harte Kern zum Vorschein, der bis auf die Spitzen der Zinken, die in einem satten Braun gefärbt sind, ein strahlendes Elfenbeinweiß hat. Die Geweihe sind so schön symmetrisch, dass sie trotz ihrer Größe anmutig wirken. Eines der größten jemals registrierten Paare hat eine Balkenlänge von 64¾ Zoll und eine Breite von 74 Zoll.

Ein ausgewachsener Bulle hat normalerweise sechs Zinken an jedem Geweih. Diese haben eindeutige Namen. Die erste Zinke erstreckt sich vom Kopf nach vorne und wird als „Brauenzinke" bezeichnet. der daneben als „Bez"-Zinke. Zusammen werden sie „Lifter" genannt, früher bekannt als „Kriegszinken". Der nächste Punkt neigt sich zur Vertikalen; Das ist der „ Trez "-Tine. Der vierte ist der „königliche" oder „Dolch"-Punkt, und die Endgabel des Geweihs bildet die letzten beiden Spitzen, die „surroyals" genannt werden.

So unhandlich dieses gewaltige Geweihgestell auch erscheint, die Tiere handhaben es vergleichsweise problemlos. Im normalen Schritt oder Trab wird der Körper sanft mit nach oben und vorne gehaltener Nase getragen. In dieser Haltung ist das Geweih gut ausbalanciert und wird ohne übermäßige Belastung getragen. Beim Laufen durchs Gestrüpp wird die Nase noch höher angehoben; Dadurch wird das Geweih entlang der Schultern weiter nach hinten geworfen, und wenn die Nase die Äste trennt, gleiten sie an den geschwungenen Balken entlang, ohne an den Zinken hängenzubleiben. Trotz dieser lästigen Hindernisse verursacht der Elch im Flug weniger Störungen als die meisten großen Waldtiere. Geweihe werden als Angriffswaffen weit überbewertet, da sie diese Funktion selten erfüllen. Männchen wurden bei Kämpfen untereinander schwer verletzt und sogar getötet, aber das sind Ausnahmen, und die meisten Kämpfe werden durch Schläge mit den Vorderfüßen ausgetragen. Wenn Geweihe verwendet werden, geschieht dies normalerweise mit einer hackenden, nach unten gerichteten Bewegung, die die Haut des Gegners harkt, anstatt sie zu durchbohren.

Trotz seines schönen Aussehens gibt sich der Elchbulle nicht damit zufrieden, nur gesehen zu werden, sondern besteht auch darauf, gehört zu werden. Sein stimmlicher Einsatz ist ein hoher, klarer, sanfter Ton, der gemeinhin als Trompetenton bekannt ist, obwohl er eher die Qualität einer Pfeife als den Klang eines Horns zu haben scheint. Der Ruf beginnt mit einem tiefen Ton, der vielleicht zwei Sekunden lang gehalten wird, dann schnell über eine ganze Oktave zu einem süßen, sanften Crescendo ansteigt, dann in raschen Schritten bis zur ersten Note abfällt und dann verklingt. Es folgen mehrere hustende Grunzer, die nur aus nächster Nähe zu hören sind. Das Signalhorn ist aus großer Entfernung zu hören, und an einem klaren, ruhigen Abend besteht einer der größten Reize des Wildniscampings darin, diese klare Herausforderung von einem nahegelegenen Bergrücken aus zu hören. Die Antwort kommt schnell von anderen Hängen, von denen einige so weit entfernt sind, dass man in der Ferne nur noch ein Flüstern hört.

Der Bugling wird hauptsächlich während der Brunftzeit betrieben und dauert von August bis November. In dieser Zeit soll es zweifellos eine Herausforderung für andere Bullen sein und vielleicht auch, um die Kühe von der großen Bedeutung ihrer Herren zu beeindrucken. Zu anderen Jahreszeiten ist es nur selten zu hören und dann ist es wahrscheinlich einfach ein Ausdruck reichlich vorhandener Tiergeister. Es ist bekannt, dass Kühe hornieren, aber das kommt selten vor.

Das einzelne Kalb wird zwischen Mitte Mai und Mitte Juni geboren. Zwillinge sind keine Seltenheit. Bei der Geburt wiegt das Kalb 30 bis 40 Pfund und ist ein unangenehmes Tier. Es hat ein hellbraunes Fell, das reichlich mit hellen Flecken übersät ist, und einen sehr markanten Rumpffleck. Mehrere Tage lang bleibt es im Gras versteckt, während die Mutter in der Nähe weidet und ständig Wache hält. Mehrmals täglich kommt sie zurück, um das Kalb zu säugen, aber das geschieht so schnell wie möglich. Viele Raubtiere sind nur allzu erpicht darauf, den Kleinen zu fangen, etwa Berglöwen, Wölfe, Rotluchse, Kojoten, Bären und sogar Steinadler. Sollte das Kalb belästigt werden, gibt es ein schrilles Quietschen von sich und die Kuh stürmt mit blitzenden scharfen Hufen heran. Normalerweise gelingt es ihr, die kleineren Raubtiere zu vertreiben, und manchmal schüchtert sie selbst die größten mit ihrer wilden Wut ein. Nachdem das Kalb groß genug ist, um der Mutter zu folgen, warnt sie es mit heiserem, hustendem Bellen vor der Gefahr.

Das Vorhandensein von Eckzähnen bei Elchen ist eine Besonderheit, die bei anderen amerikanischen Hirschen nicht zu finden ist. Sie haben eine veränderte Form und sind Knollengewächse ohne bekannte Funktion. Sie kommen bei beiden Geschlechtern vor, die stärkste Entwicklung weisen jedoch Bullen auf. Bei der Reife werden sie hochglanzpoliert und färben sich hellbraun.

Nagetiere
Einschließlich der Hasentiere (Hasen und Hechte)

Nagetiere sind die zahlreichsten Säugetiere des Südwestens. Dies ist kein ungewöhnlicher Zustand; Sie sind anderen Säugetieren auf der ganzen Welt zahlenmäßig überlegen. Nagetiere sind in der Regel Kleintiere; Die größten Arten, die im Hochland des Südwestens vorkommen, sind der Biber und das Stachelschwein. Obwohl diese beiden wesentlich größer sind als alle anderen in der Gruppe, können sie nicht als große Tiere eingestuft werden. Aufgrund der großen Anzahl der vertretenen Arten und der unterschiedlichen Lebensbedingungen weisen Nagetiere große Unterschiede in ihren physikalischen Eigenschaften auf. Sie alle können jedoch aufgrund eines gemeinsamen Merkmals als zu dieser Gruppe gehörend identifiziert werden: die langen, gebogenen Schneidezähne. In der Regel sind es zwei im Oberkiefer und zwei im Unterkiefer, mit Ausnahme der Hasen und einiger ihrer eng verwandten Arten. Diese gehören eigentlich zur Ordnung *Lagomorpha* , werden hier aber zu den Nagetieren gezählt.

Die Schneidezähne sitzen tief im Kiefer, der Teil über dem Zahnfleisch ist ein hohler, mit Zahnfleisch gefüllter Schlauch. Im Gegensatz zu den Schneidezähnen anderer Säugetiere wachsen sie während des gesamten Lebens des Tieres langsam und stetig. Dadurch wird der Verschleiß der Schneidkanten ausgeglichen. Die Vorderseiten dieser Zähne sind mit einer dicken Schmelzschicht bedeckt, während die Rückseiten entweder aus blankem Dentin bestehen oder bestenfalls mit sehr dünnem Zahnschmelz bedeckt sind. Durch die Abnutzung entsteht so eine abgeschrägte Oberfläche, ähnlich der eines Meißels, der trotz der Schleifwirkung, die er bei den normalen Essbewegungen erhält, scharf bleibt. Eine gleichmäßige Schärfung der oberen und unteren Schneidezähne wird durch eine besondere Anordnung des Scharniers des Unterkiefers gewährleistet. Durch das überdurchschnittlich große Spiel dieses Kugelgelenks können die unteren Schneidezähne entweder hinter oder vor die oberen gleiten, so dass beide Sätze auf beiden Seiten annähernd den gleichen Verschleiß erfahren. Sollte einer der Schneidezähne gebrochen oder anderweitig beschädigt sein, so dass eine normale Abnutzung nicht stattfinden kann, wächst sein Gegenstück so stark, dass das Tier keine Nahrung mehr aufnehmen kann und dann verhungern kann. Eckzähne fehlen bei allen Nagetieren und Prämolaren fehlen bei vielen Arten. Die große Lücke, die dadurch zwischen den schmalen Schneidezähnen und den vergleichsweise massiven Backenzähnen entsteht, erklärt zum Teil den breiten Schädel, der sich schnell zu dem seitlich zusammengedrückten Gesicht verjüngt, das so typisch für Nagetiermerkmale ist.

Die Ernährungsgewohnheiten der verschiedenen Nagetierarten unterscheiden sich stark. Für die meisten von ihnen könnte der Begriff „Allesfresser" vielleicht gelten, da praktisch alle Nagetiere neben der üblichen Nahrung pflanzlicher Nahrung auch Insekten und Fleisch fressen. Einige wenige könnten als insektenfressend oder sogar fleischfressend eingestuft werden. Einige Arten legen für die mageren Jahreszeiten große Mengen an Nahrung an ; andere fressen wie Fresser, wenn Nahrung im Überfluss vorhanden ist, und überwintern in Zeiten der Not; Wieder andere sind dafür gerüstet, das ganze Jahr über auf der Suche nach etwas Essbarem zu sein.

Ebenso vielfältig sind die Lebensräume. Einige Arten leben unter der Erde, andere auf der Erdoberfläche, mindestens zwei Arten leben im Wasser und einige wenige leben auf Bäumen. Ganz gleich, wo sie leben, die große Mehrheit sind Hausbauer. Sie streben danach, ihre Häuser an den geschütztesten Orten zu errichten und ihre Nester meist mit weichem Material auszukleiden. Herausragende Ausnahmen sind das Hase und das Stachelschwein, die beide ein Nomadenleben führen.

Trotz ihrer geheimnisvollen Gewohnheiten erleiden Nagetiere eine enorme Sterblichkeit. Praktisch alle fleischfressenden Tiere, die meisten Raubvögel und viele Schlangen jagen Nagetiere, und für viele von ihnen bilden diese verfolgten Tiere die Hauptnahrung. Diese Situation ist nicht so schlimm, wie es scheint, denn die meisten Nagetiere sind sehr fruchtbar. Elliott Coues fasste ihren Platz im Gleichgewicht der Natur sehr treffend zusammen: „Dennoch haben sie eine offensichtliche Rolle zu spielen, ... die, Gras in Fleisch zu verwandeln, damit auch fleischfressende Goten und Vandalen überleben und ihrerseits verkünden können: „ Alles Fleisch ist Gras.""

Schneeschuhhase
Lepus americanus (lateinisch: Hase ... von Amerika)

VERBREITUNGSGEBIET : Im größten Teil Kanadas und Alaskas verbreitet, mit weitreichenden Vorkommen im Südwesten in

Utah, Colorado, New Mexico und im Westen Nevadas. Sein Vorkommen in Nordkalifornien ist eher selten und auf wenige höhere Gebirgszüge beschränkt.

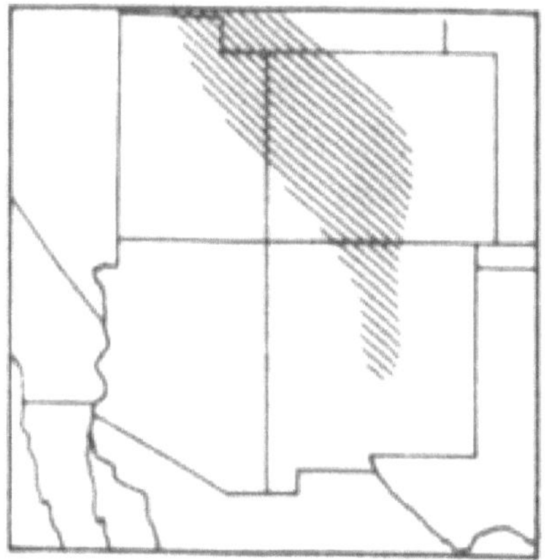

LEBENSRAUM: In der Nähe von Bächen oder in Nadelwäldern in den kanadischen und Hudsonian Life Zones.

BESCHREIBUNG: Ein kleiner, stämmiger Hase mit mittellangen Ohren und großen, haarigen Hinterpfoten. Eine durchschnittliche Person hat eine Gesamtlänge von etwa 18 Zoll und einen Schwanz von weniger als 2 Zoll. Hinterfuß etwa 6 Zoll lang. Sommerfell braun, außer Füßen und Bauch weiß, Schwanz oben bräunlichschwarz. Winterfell weiß, mit Ausnahme der schwarzen Ohrenspitzen. Jung, drei bis sechs, geboren im Mai oder Juni.

Der Schneeschuhhase, der nur selten in den Bergen des Südwestens vorkommt, ist derselbe wie der, der im Moschushasen unweit des Polarkreises lebt. Das Klima in den Berggebieten ähnelt überraschenderweise dem des nördlichen Landes, auch wenn das Gelände anders ist. Das nächstliegende Äquivalent findet man an den büschigen Rändern von Gebirgsbächen, und hier sind die „Schneeschuhe" am häufigsten anzutreffen. Im Sommer ernähren sie sich von Gräsern, Kräutern und Blättern vieler verschiedener Sträucher sowie den zarten Spitzen junger Zweige. Der Winter, für viele Tiere eine Zeit der Hungersnot, ist für diese großfüßigen Hasen genau das Gegenteil. Sie sind in der Lage, auf der Oberfläche von Schneeverwehungen umherzulaufen, und jeder neue Schneefall bringt sie näher an die zarten Zweige heran, die zu Beginn des Jahres weit außerhalb ihrer Reichweite lagen. Saubere diagonale Schnitte, ähnlich denen, die mit einem Messer gemacht werden, kennzeichnen ihre Beute, und da es sich um kräftige Esser handelt, kann es sein, dass die gesamten Spitzen vieler Lieblingssträucher in einer Saison abgeschnitten werden.

Wie mehrere andere gejagte Tiere und vergleichsweise wenige jagende Tiere durchläuft der „Schneeschuh" zwischen seinem Sommer- und Winterfell einen vollständigen Farbwechsel. Die Verwandlung beginnt, wenn der erste Schnee fällt, und normalerweise ist der weiße Mantel vollständig, wenn der Schnee tief auf den Bergen liegt. Es handelt sich nicht, wie früher angenommen wurde, um ein Weißwerden der braunen Deckhaare, sondern um eine Häutung. Die Sommerhaare werden abgeworfen und durch weiße ersetzt. Das Unterfell verfärbt sich weniger stark. Nahe der Haut ist das Tier noch braun. Äußerlich ist es bis auf die schwarzen Ohrstöpsel reinweiß. So wunderbar diese schützende Färbung auch ist, sie ist kein absoluter Schutz gegen Feinde. Es gibt viele, und die wichtigsten unter ihnen sind Luchse, Rotluchse, Wölfe, Wiesel und Virginia-Uhu. An vielen Orten im hohen Norden ist der Schneeschuhhase der Hauptwirt des Luchses, dessen Anzahl im Gleichklang schwankt.

Schneeschuhhase

Wie die meisten anderen Hasen verbringt der „Schneeschuh" einen Großteil seiner Freizeit in einer „Form". Dabei handelt es sich meist um nichts weiter als eine gut versteckte Mulde. Das Halbdunkel unter niedrig hängenden immergrünen Pflanzen wird von diesen nachtaktiven Tieren zu diesem Zweck sehr bevorzugt. Sie graben sich zu keiner Zeit häufig in Höhlen ein, die größte Annäherung an diese Art von Behausung findet im Winter statt, wenn sie manchmal völlig eingeschneit sind. Unter schweren Stürmen leiden sie kaum, denn ihr langes, flauschiges Fell schützt sie vor der Kälte. Ihre größte Gefahr besteht darin, dass sie im Falle eines auf den Schneefall folgenden Eisregens lebendig begraben werden könnten.

Die Jungen werden im späten Frühling oder Frühsommer geboren. Sie kommen tatsächlich inmitten einer plüschigen Umgebung auf die Welt. Die Mutter hat das Oberflächennest mit weichen Haaren aus ihrem eigenen Fell ausgekleidet, und ein weicheres, bequemeres Kinderzimmer kann man sich kaum vorstellen. Die kleinen Hasen werden mit vollem Fell, offenen Augen und meist bereits im Zahnfleisch befindlichen Schneidezähnen geboren. Ihre Entwicklung geht schnell, und lange bevor es kalt wird, sind sie auf sich allein gestellt.

<h3 style="text-align:center">Weißschwanzkaninchen
Lepus townsendi (lateinisch: Hase ... für JK
Townsend)</h3>

VERBREITUNGSGEBIET : Nördlich der kanadischen Grenze bis zum südlichen Teil von Colorado und Utah und von den Cascade Mountains östlich bis zum Mississippi.

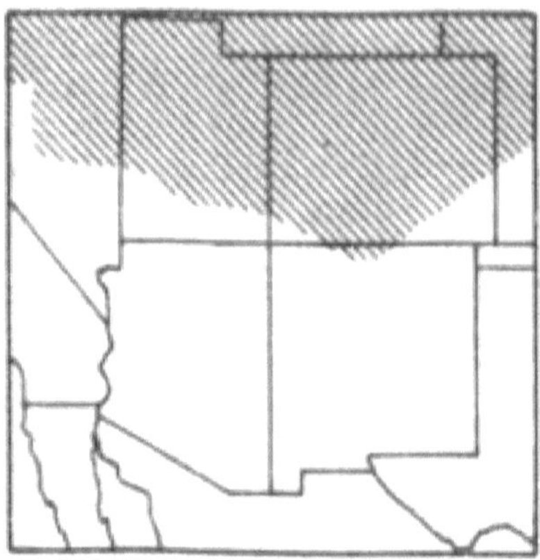

LEBENSRAUM : Ebenen und offenes Land, in den Ausläufern und sogar im Hochgebirge. Kommt sowohl in der Upper Sonoran als auch in der Transition Life Zone vor.

BESCHREIBUNG : Ein großer Hase mit weißem Schwanz und schlaksigem Körperbau, der normalerweise nur im offenen Gelände vorkommt. Gesamtlänge (durchschnittlich) 18 bis 24 Zoll. Schwanz bis zu 4 Zoll. Ohren bis zu 6 Zoll lang. Gewicht 5 bis 8 Pfund. Die Farbe variiert je nach Jahreszeit. Der Sommermantel ist Buffy Grey, der Wintermantel ist Weiß. Der für einen Hasen lange Schwanz ist das ganze Jahr über weiß. Die Ohrenspitzen sind sowohl im Sommer als auch im Winter schwarz. Jung, drei bis sechs in einem Wurf, geboren im Mai. Im Spätsommer kann es zu einem zweiten Wurf kommen. Wie bei der gesamten Hasenfamilie haben die Jungen bei der Geburt ein gutes Fell und offene Augen.

Der Weißschwanzhase ist der größte in den Vereinigten Staaten beheimatete Hase. Seine große Größe wird durch seinen schlanken Körperbau und die langen Beine und Ohren noch betont. Solche körperlichen Merkmale sind normalerweise Anzeichen dafür, dass ein Tier von seinen Feinden erbittert verfolgt wird. Dieser Bewohner des offenen Landes ist keine Ausnahme. Es wird von unzähligen Raubtieren gejagt, darunter auch vom Menschen, dem unerbittlichsten und gerissensten von allen. Dennoch ist sein Platz in der modernen Welt immer noch sicher, denn obwohl es nahezu völlig über keine Angriffswaffen verfügt, hat ihm die Natur Verteidigungsvorteile verliehen, die weit über denen der meisten anderen Lebewesen liegen. Am wichtigsten ist vielleicht die trügerische Geschwindigkeit, mit der es durch die Prärie schwebt. Dieses schlaksige Kaninchen ist das schnellste seines Stammes und wird in dieser Hinsicht nur von einem einheimischen Tier, dem Gabelbock, übertroffen. Obwohl diese Taktik effektiv ist, nutzt das Tier sie meist als letzten Ausweg und bevorzugt das genaue Gegenteil: sich bewegungslos zu ducken, um einer Entdeckung zu entgehen. Absolute Unbeweglichkeit ist an sich schon eine bewundernswerte Verteidigung, aber wenn sie durch Tarnung, wie sie diese Kreatur besitzt, verstärkt wird, ist sie sogar noch effektiver.

Wie die meisten Mitglieder der Hasenfamilie ist der Seehase nachts aktiver als tagsüber. Die meiste Zeit des Tages verbringt er damit, in einer Form zu ruhen, die er unter dem Schutz eines niedrigen Strauchs oder eines großen Grasbüschels aushöhlt. Im Sommer harmoniert das gelbbraune Fell gut mit der Farbe der Umgebung, und das Winterfell kommt möglicherweise noch besser zur Geltung . Dann ähnelt der geduckte Körper nichts weiter als einem Schneehaufen; Die schwarzen Spitzen der Ohren lassen darauf schließen, dass schwarze Unkrautstängel durch die weiße Oberfläche ragen.

Weißschwanzkaninchen

Berg-Baumwollschwanz
Sylvilagus nuttalli (lateinisch: sylva, Holz und griechisch: lagos , Hase. Für Nuttal)

VERBREITUNGSGEBIET : Westlich der Vereinigten Staaten, aber östlich der Küstengebirgskette. Die nördlichen Grenzen liegen entlang der kanadischen Grenze; die südlichen Grenzen in Zentral-Arizona und New Mexico.

LEBENSRAUM : Berge im Westen durch die Übergangszone und die kanadische Lebenszone. Unterhalb der Kiefern selten zu finden.

BESCHREIBUNG : Der „Powder Puff"-Schwanz ist das beste Feldmerkmal, an dem man dieses Kaninchen erkennen kann, normalerweise der einzige Waldkaninchen in seinem Verbreitungsgebiet in den oben angegebenen Höhenlagen. Mit einer durchschnittlichen Gesamtlänge von 12 bis 14 Zoll und einem Schwanz von weniger als 2 Zoll ist er einer der größten seiner Art. Das durchschnittliche Gewicht liegt zwischen 1½ und 3 Pfund. Für einen Waldkaninchen sind die Ohren relativ kurz und breit. Die Farbe variiert je nach Lebensraum etwas, ist aber im Allgemeinen grau mit einem schwachen Gelbstich. Die dunkelsten Bereiche befinden sich an der Rückseite und an den oberen Seiten. Unterteile sind hell bis fast weiß. Der Wintermantel ist schwerer als der Sommermantel, hat aber weitgehend die gleiche Farbe. Die Unterseite des Schwanzes ist weiß wie Baumwolle und daher bei Stadt- und Landbewohnern gleichermaßen bekannt. Aus den spärlichen verfügbaren Aufzeichnungen über die Anzahl der Jungen geht hervor, dass der durchschnittliche Wurf drei bis vier ausmacht. Vielleicht halten sie die höheren Lagen, in denen sie leben, von vielen Raubtieren fern, denen ihre Cousins im Tiefland erliegen, und so können sie ihre Zahl mit kleineren Familien aufrechterhalten.

Obwohl diese scheuen Kaninchen oft in den Tiefen des Waldes anzutreffen sind, leben sie am liebsten im Gestrüpp, das an Hochgebirgswiesen grenzt und die Bäche säumt. Dort wagen sie sich in echter Baumwollschwanz-Manier ins Freie, um zu fressen, und sind immer bereit, sich beim ersten Anzeichen von Gefahr unter verwickelten Ästen in Sicherheit zu bringen. Sobald sie das Labyrinth der Pfade, die sie allein kennen, betreten haben, besteht kaum noch die Gefahr, gefangen genommen zu werden. Dort können sie sich vor der weiteren Verfolgung durch die größeren Raubtiere sicher fühlen und sind gegenüber gleichgroßen oder kleineren Raubtieren deutlich im Vorteil. Obwohl sie in den von ihnen gewählten Zufluchtsorten so geschickt darin sind, sich umzudrehen und umzukehren, greifen sie selten zu großen Ausweichmanövern, wenn sie im Freien überrascht werden. Ihr erster Gedanke scheint darin zu bestehen, auf dem möglichst geraden Weg in Deckung zu gelangen, und als Folge davon werden viele von Raubtieren geschnappt, die sich nicht nur auf dieses Verhalten verlassen, sondern oft auch den Vorteil eines Überraschungsangriffs nutzen.

Die Ernährungsgewohnheiten ähneln weitgehend denen anderer Waldkaninchen, werden jedoch in gewissem Maße durch die verschiedenen Pflanzengesellschaften, mit denen sie vorkommen, verändert. Im Sommer sind zarte Gräser und Kräuter das Lieblingsessen, aber im Winter, wenn tiefer Schnee sie selbst von den höheren Kräutern isoliert, verwandeln sich diese anpassungsfähigen Tiere in Rinde und kleine Zweige, die ihrem Geschmack entsprechen. Zu dieser Zeit werden oft sogar die Spitzen der Nadelbaumzweige gefressen. Der Zugang zu dieser Nahrung, die im Sommer normalerweise unerreichbar ist, wird durch das Wachstum langer Haare an der Unterseite der Füße, insbesondere an den Hinterfüßen, erleichtert. Obwohl diese saisonalen „Schneeschuhe" von der Größe her nicht an die des Schneehasen herankommen, dienen sie sehr gut dazu, die leichteren Waldhasen bei ihrer Bewegung über die weiche Oberfläche zu unterstützen. Sie sind besonders nützlich, wenn das Tier auf den Hinterbeinen steht, um einen einladenden Punkt zu erreichen, der in der normalen geduckten Position außer Reichweite wäre. Bei diesem Vorgang greift es ausschließlich mit dem Mund nach Nahrung; Die Vorderpfoten können nicht zum Sammeln von Nahrung verwendet werden, sondern hängen als Gleichgewichtshilfe lose vor dem Körper herab.

Gebirgsbaumwollschwanz

Diese Unfähigkeit, Gegenstände mit den Vorderfüßen zu greifen oder zu handhaben, ist charakteristisch für alle Tiere, die wir in den Vereinigten Staaten „Kaninchen" nennen. Obwohl sie hier zu den Nagetieren gehören, fehlt es den Hasen, Schneeschuhhasen und Waldkaninchen allen an der Geschicklichkeit mit den Vorderpfoten, mit der der Rest der Gruppe ausgestattet ist. Der Aufbau der Knochen ähnelt insofern dem der Huftiere, als dass die Füße nicht seitwärts gedreht werden können. Daher werden die Vorderbeine hauptsächlich zum Laufen, Graben und Waschen von Gesicht und Ohren verwendet, ein Vorgang, der dem von Hauskatzen ähnelt, mit der Ausnahme, dass er mit den Seiten der Pfoten und nicht mit der Innenseite der Handgelenke ausgeführt wird, wie es bei Tabby der Fall ist.

Obwohl er in einem anderen Lebensraum als andere eng verwandte Arten lebt, teilt der Berg-Baumwollschwanz viele ihrer Gewohnheiten. Es handelt sich um ein nachtaktives Tier, das man außer in der Abenddämmerung oder in den frühen Morgenstunden selten auf freiem Fuß sieht. Den größten Teil des Tages sucht es Zuflucht unter einem Gestrüpp oder tief in den Nischen des Rutschgesteins. Gelegentlich bildet es sich im hohen Gras oder unter einem Strauch, bevorzugt aber in der Regel einen stärkeren Schutz. In Gebieten, in denen Holzfäller abgeholzt werden, machen sich Waldkaninchen schnell den Schutz zunutze, den ihnen riesige Haufen von Ästen und Schutt bieten, die von Holzfällern hinterlassen wurden. Später in der Saison, wenn die Haufen verbrannt werden, ist es nicht ungewöhnlich, dass bis zu drei oder vier Waldkaninchen aus einem Haufen huschen.

Nester zur Aufzucht der Jungen sind für diese Kaninchen kein so großes Problem. Vielleicht wählen sie instinktiv Orte aus, an denen ein Feind sie nie erwarten würde. Bei vielen handelt es sich lediglich um Mulden im hohen Gras oder um flache Höhlen in einer Ansammlung von Kiefernnadeln. Sie sind mit weichen Gräsern oder Nadeln und Haaren gesäumt, die die Mutter aus ihrem eigenen Körper zieht. Weitere Haare und Grasfasern werden geschickt zu einer locker gewebten Decke verfilzt, die sie über das Nest zieht, wenn sie das Nest verlässt. Es ist so geschickt eingerichtet und fügt sich so gut in die Umgebung ein, dass man nur durch Zufall ein Nest entdeckt, wenn man das Kaninchen nicht weggehen sieht. Die drei bis fünf Jungen werden blind und nackt geboren, gedeihen aber im warmen Nest so gut, dass sie nach etwa einem Monat vollständig behaart sind und das Nest verlassen können. In diesem Alter sind sie äußerst verspielte kleine Wesen, die sich oft einem Fangen-Spiel hingeben, obwohl für einen menschlichen Beobachter nie ganz klar ist, wer „es" ist.

In diesem Zusammenhang ist es interessant festzustellen, dass sich der Spielgeist bei den „gejagten" Säugetieren normalerweise durch Laufspiele manifestiert, bei denen es kaum oder gar keinen Körperkontakt gibt. Im Gegensatz dazu frönen die jungen Raubtiere Ringkämpfen mit Zähnen und Krallen, oft über den Punkt hinaus, an dem der Spaß aufhört und die Wut beginnt.

Pika
***Ochotona Princeps* (mongolischer Name für Pika ...
lateinisch: Häuptling)**

VERBREITUNGSGEBIET : Gebirgsgebiete im Westen der Vereinigten Staaten, im Westen Kanadas und im Süden Alaskas. Kommt im Südwesten der USA in Utah, Colorado und New Mexico vor.

LEBENSRAUM : Schutthänge der Hudsonian- und Alpine Life Zones.

BESCHREIBUNG : Ein kleines Tier, das etwas Ähnlichkeit mit einem Meerschweinchen hat; kommt nur zwischen oder in der Nähe von Felsrutschen vor. Gesamtlänge von 6½ bis 8½ Zoll. Kein sichtbarer Schwanz. Farbe, grau bis braun. Die Augen sind klein, die Ohren groß und weit hinten am Kopf angesetzt. Die Vorderbeine sind kurz und werden von den Hinterbeinen nur wenig überragt. Sie sind alle durch die langen Haare an den Seiten ziemlich verdeckt. Dadurch sieht das Tier fast wie ein mechanisches Spielzeug aus , da es sanft über die Felsen gleitet. Die Fußsohlen sind mit Haaren bedeckt, die einzigen kahlen Stellen an den Füßen sind die Zehenballen. Der Ruf ist unverwechselbar, am häufigsten wird ein mehrmals wiederholtes „ Eeh " wiederholt. Dieser Ton ist schrill, hat aber eine Falsett-Qualität, als ob er beim Einatmen erzeugt würde. Young dachte daran, von drei bis sechs zu zählen.

Pika

Weit oben am Berghang, über der Waldgrenze, aber unter dem ewigen Schnee, ruht ein großes Geröllfeld unbehaglich auf den massiven Hängen des Grundgesteins. Aus der Ferne scheint es nur eine glatte graue Narbe zu sein, die das sonst abrupte Anheben des Gipfels abmildert. Bei näherer Betrachtung erkennt man, dass es sich um eine umgewälzte Masse unterschiedlich geformter Steinplatten handelt, die von winzigen Fragmenten bis hin zu riesigen, tonnenschweren Blöcken reichen. Seine gesamte Masse ist von Rissen und Spalten in allen erdenklichen Formen und Formen durchzogen.

Hier und da hat ein Grasbüschel oder ein verkümmerter Strauch zwischen den Platten einen unsicheren Halt gefunden. Andere niedrige mattenartige Pflanzen kommen in beträchtlicher Zahl vor. Die einzigen Geräusche sind das leise Flüstern des Windes zwischen den Felsen und ein entferntes Seufzen aus dem Wald unten. Plötzlich durchbricht ein scharfes „ Eeh-eeh " die Stille, dann ist wieder alles still. Die schrillen Töne werden wiederholt, diesmal aus einer anderen Richtung. Du schaust auf das Geräusch, siehst aber nichts. Wenn Sie Glück haben, fällt Ihr Blick schließlich auf ein kleines Gesicht, das ein wenig dem eines winzigen Waldkaninchens ähnelt, das Sie aus der Sicherheit eines Hauses zwischen den Felsen anstarrt. Es ist der Pika, den du siehst, und dieser Felssturz ist seine Burg.

Der Pika hat eine oberflächliche Ähnlichkeit im Gesicht mit dem Kaninchen, mit dem er am ehesten verwandt ist. Dies ist zweifellos auf die langen, seidigen Schnurrhaare und die tief gespaltene Oberlippe zurückzuführen, denn die Augen sind klein und die Ohren sind zwar groß, aber ganz anders geformt als die ihres größeren Verwandten. Seine anderen physikalischen Eigenschaften unterscheiden sich völlig von denen des Kaninchens. Der kräftige Körper, die kurzen Beine und das fast völlige Fehlen eines Schwanzes ähneln eher denen des Meerschweinchens, mit dem es weiter verwandt ist. Es sind mehrere Arten bekannt. Alle sind Bewohner der nördlichen Hemisphäre und alle, ob Asiaten, Europäer oder Amerikaner, leben in Felsrutschen an oder über der Waldgrenze. Im Westen der Vereinigten Staaten ist der Pika unter einer Vielzahl anderer gebräuchlicher Namen bekannt, von denen „Coney", „Little Chief Hare" und „Rock Rabbit" vielleicht die bekanntesten sind.

Da der Pika nur in einem Lebensraumtyp lebt, hat er hochspezialisierte Gewohnheiten entwickelt. Am bemerkenswertesten ist die Praxis, Heu für die Winternahrung zu schneiden. An der Waldgrenze ist die Vegetationsperiode kurz, aber die Kräuter und Gräser, die dieses Tier frisst, sprießen und reifen innerhalb weniger Wochen. Während dieser Zeit ernährt sich der Pika von den saftigen Blättern und Stängeln, aber in der zweiten Saisonhälfte erntet er sorgfältig genug Nahrung, um den kommenden Winter zu überstehen. Nichts von diesem Schatz wird direkt in den Bau getragen. Stattdessen wird es mühsam zu geeigneten Orten transportiert, die der heißen Sonne ausgesetzt sind, und dort in Miniaturheuhaufen gestapelt und zum Aushärten gelassen. Kein menschlicher Erntehelfer arbeitete jemals härter, um seine Ernte einzusammeln, oder legte sie sorgfältiger ab als dieser kleine Landwirt. Glücklicherweise ist sein Geschmack nicht entscheidend; Obwohl die einzelnen Pflanzen verstreut sind, kann der Pika daher aus der beträchtlichen Anzahl der in dieser Höhe vertretenen Arten einen ausreichenden Vorrat auswählen.

In Utah und Colorado kommt die Zeit des Heuens mit dem Höhepunkt der sommerlichen Blütezeit. An der Waldgrenze geschieht dies normalerweise im August. Als wäre ihm klar, dass ein strenger Frost seine herrlich duftende Ernte ruinieren würde, macht sich der Pika wütend an die Arbeit. Nachdem es so viel Gras abgeholzt hat, wie es auf einmal verarbeiten kann, bündelt es die Masse zu einem unhandlichen Bündel und trägt es mit dem

Mund zu einem der Orte, die es als Aushärtungsplatz ausgewählt hat. Normalerweise wurden diese Flächen in der vorangegangenen Saison für den gleichen Zweck genutzt, und eine Menge der am wenigsten essbaren Stängel bleibt übrig, um ihren Standort zu markieren. Nachdem er die Ladung auf dieser Basis abgelegt hat, huscht der Pika davon, um ein weiteres Bündel zu holen. Durch die lange Vertrautheit mit Routen über unebene Felsen kommt es ohne Fehltritt voran, auch wenn die transportierte Last so groß sein kann, dass die Sicht nach vorne völlig eingeschränkt ist. Der Pika arbeitet früh und spät und verteilt seine Ernte auf die verschiedenen Haufen. Dadurch trocknet das Heu gleichmäßig aus und wenn kaltes Wetter die Arbeit zum Stillstand bringt, ist jeder kleine Stapel perfekt ausgehärtet, ohne dass sich eine Spur von Schimmel bildet. Die wirklich monumentale Arbeit, die dieses kleine Geschöpf leistet, wird durch bis zu ein halbes Dutzend Heuhaufen bewiesen, von denen jeder bis zu einem Scheffel oder mehr Futter enthalten kann.

Über die Lebensgeschichte des Pikas ist vergleichsweise wenig bekannt. Was aufgezeichnet wurde, wurde in den Zeiträumen notiert, in denen es auf der Oberfläche von Felsrutschen gesehen wurde. Was tief in den Labyrinthen seines Lebensraums vor sich geht, kann nur vermutet werden. Es liegt nahe, anzunehmen, dass der Pika in irgendeiner unterirdischen Höhle ein bequemes, mit weichen Gräsern gesäumtes Nest gebaut hat. Sicherlich bleibt es den ganzen Winter über aktiv, obwohl es unter vielen Fuß Schnee begraben liegt, denn im Frühjahr sind seine Heuhaufen größtenteils aufgezehrt.

Die Zahl der Jungen wird auf drei bis sechs geschätzt. Sie werden wahrscheinlich im Frühsommer geboren, denn wenn sie an der Oberfläche erscheinen, normalerweise Ende Juli oder Anfang August, sind sie etwa zur Hälfte ausgewachsen. Obwohl die familiären Bindungen bis zum Erwachsenwerden der Jungen eng geknüpft sind, können Pikas nicht als gesellige Tiere betrachtet werden. Allein die Nahrungsmittelknappheit wäre ein ausreichender Grund, große Gruppen auf kleinem Raum zu verbieten. Jeder Erwachsene übernimmt die Rechte eines Hausbesetzers auf einem Territorium, das groß genug ist, um ihn zu ernähren, und hält es danach mit nur wenig Einmischung von anderen seiner Art.

Es gibt nur wenige natürliche Feinde, die Jagd auf die Pikas machen. Die Offenheit ihres Lebensraums verhindert, dass sich größere Raubtiere unbemerkt anschleichen. Falken und Adler machen einen Teil davon aus, und Wiesel können nach Belieben in ihr unterirdisches Labyrinth eindringen, aber die natürliche Fruchtbarkeit der Art scheint diese Verluste sehr gut auszugleichen. Für den Naturforscher stellt der Pika eine verlockende Herausforderung dar. Es ist alles andere als ein seltenes Tier, aber gleichzeitig ist es eines, über das fast nichts bekannt ist. Um seine Geheimnisse kennenzulernen, muss man ein gewisser Bergmann und ein guter Polarforscher sein.

Quastenohrhörnchen (Abert's)
Sciurus aberti (lateinisch: Schattenschwanz ... für Col. JJ Abert)

VERBREITUNGSGEBIET : Nord-Arizona, Nordwest-New Mexico, äußerster Südost-Utah und südliches Zentral- Colorado in den Vereinigten Staaten; kommt auch in den Sierra Madre-Bergen im Norden Mexikos vor.

LEBENSRAUM : Ponderosa-Kiefernwälder der Transition Life Zone.

BESCHREIBUNG : Die einzigen Eichhörnchen in den Vereinigten Staaten, die auffällige Haarbüschel an den Ohrenspitzen haben. *Sciurus aberti* ist ein großes Eichhörnchen mit einer Gesamtlänge von etwa 20 Zoll. Schwanz etwa 9 Zoll. Das Sommerpelage ist auf der Rückseite braun, mit grauen Seiten und reinweißer Unterseite. Der schöne buschige Schwanz ist unten silbrig und oben grau. Im Sommer haben die langen Ohren keine Quasten an den Spitzen. So schön der Sommermantel auch ist, er wird vom Wintermantel bei weitem übertroffen. Dann wird das schwerere Fell auf dem Rücken kräftiger braun, und der Kontrast zwischen den grauen und weißen Bereichen wird durch das Erscheinen eines schmalen schwarzen Bandes zwischen ihnen noch verstärkt. Auch die Ohren werden durch die Bleistiftbüschel, die diesem Tier seinen gebräuchlichen Namen geben, spektakulärer. Die Brutgewohnheiten dieses Eichhörnchens sind unterschiedlich und hängen offensichtlich in hohem Maße vom Nahrungsangebot ab. In einem fruchtbaren Jahr kann es bis zu zwei Würfe geben, in einem mageren Jahr gar keinen. Die übliche Zahl beträgt drei oder vier Junge pro Wurf. Diese werden manchmal in einem hohlen Baum geboren, häufiger jedoch in einem sperrigen Blätternest, das in der Baumkrone gebaut ist.

Kein Säugetier der Vereinigten Staaten hat einen passenderen Gattungsnamen als das große Baumeichhörnchen. *Sciurus* bedeutet wörtlich übersetzt „Schattenschwanz" und bezieht sich natürlich auf den schönen und nützlichen Schwanz, den alle unsere Baumeichhörnchenarten tragen. Es ist zweifelhaft, ob irgendjemand dem auffälligen Federbusch von *Aberti gleichkommen kann*; Sicherlich kann es niemand übertreffen. Seine Besonderheit ist nicht auf seine Größe zurückzuführen, da einige Arten längere Schwänze haben. Seine Eleganz beruht vielmehr auf der Breite, der auffälligen Farbgebung und der leichten Anmut, mit der das Tier seine Schönheit zur Schau stellt. Ob es im vollen Flug über eine grasbewachsene Lichtung fliegt oder auf einem hohen Ast ruht, das erste Feldzeichen dieses ungewöhnlichen Eichhörnchens wird der Schwanz sein; das zweite, die Ohren mit Quasten.

Wie die Karte zeigt, sind *Sciurus aberti* und seine vielen Formen in den Vereinigten Staaten hauptsächlich auf das Hochland entlang von Teilen des Colorado River und auch auf den großen Steilhang, der als Mogollon Rim bekannt ist und dessen Länge ungefähr zu gleichen Teilen auf New Mexico verteilt ist, beschränkt und Arizona. In diesem Bereich befindet sich das, was oft als „der größte ununterbrochene Bestand an Ponderosa-Kiefern in diesem Land" bezeichnet wird. Von den vielen Pflanzen- und Tierarten, die in diesem Wald vorkommen, ist vielleicht keine stärker von der Ponderosa-Kiefer abhängig als das Quastenohrhörnchen. Dieser Baum mit rauer Rinde ist eine wichtige Nahrungs- und Schutzquelle. Im Gegenzug pflanzen die Eichhörnchen einen Teil der Samen, die den Fortbestand der Ponderosas sichern, da die Natur immer eine Wiedergutmachung verlangt.

Es ist allgemein bekannt, dass die Nahrung von Eichhörnchen nur aus Nüssen besteht. Das stimmt nur bis zu einem gewissen Grad. Ein Eichhörnchen liebt Nüsse und frisst und hortet sie während der kurzen Saison, in der sie verfügbar sind. Während des größten Teils des Jahres, wenn seine Vorräte aufgebraucht sind, greift es auf viele andere Arten von Nahrungsmitteln zurück, darunter Früchte, Kräuter, Blattknospen und Blumen. Das Lieblingsfutter des Quastenohrhörnchens sind natürlich die großen einflügeligen Samen, die unter den Schuppen von Ponderosa-Kiefernzapfen zu finden sind. Als nächstes beliebt sind Eicheln aus der Eiche, die sich am unteren Rand der Transition Life Zone mit Kiefern vermischt. Wenn die Jahreszeit gut ist, werden große Mengen Zapfen und Eicheln zur späteren Verwendung eingegraben. Diese werden einzeln versteckt und nicht in Verstecken, wie es bei manchen Eichhörnchen üblich ist. Für den Fall, dass das Eichhörnchen nicht zurückkehrt, um seine verborgenen Vorräte zu holen, keimen einige der Samen irgendwann und nehmen an dem langsamen Zyklus von Wachstum und Verfall teil, der im Wald ständig vor sich geht.

In Monaten, in denen diese Lieblingsspeisen knapp sind, empfinden Eichhörnchen die Kambiumschicht junger Kiefernzweige als sehr akzeptabel. Dies ist die zarte Schicht, die zwischen Holz und Rinde liegt. In der Vegetationsperiode ist es besonders süß und nahrhaft. Dies war den Indianern ebenso bekannt wie die Eichhörnchen, und auch sie nutzten die Versorgung in Zeiten der Hungersnot. Das Eichhörnchen erhält diese Nahrung, indem es die endständigen Nadelbüschel abschneidet und dann einen freigelegten Teil des Astes abtrennt, der so groß ist, dass er bequem zu seinem Lieblingsfressplatz getragen werden kann. Hier wird die äußere Rinde geschickt entfernt, die essbaren Teile verzehrt und das Grundholz auf den Boden geworfen. Obwohl viele Endzweige entfernt werden, scheinen die Bäume durch diesen saisonalen Rückschnitt keine ernsthaften Schäden zu erleiden.

Eichhörnchen mit Quastenohren

Bei der Wahl eines Nistplatzes greift das Quastenohrhörnchen wieder zu seinem Lieblingsbaum, der Ponderosa-Kiefer. Da nur wenige dieser gesunden Riesen über Astlöcher oder Hohlräume verfügen, die für diese große Art geeignet wären, werden die Nester meist im dichten oberen Bewuchs von Ästen gebaut. Das Material für ihren Bau besteht aus kleinen Zweigen von Laubbäumen, die mit den Blättern daran geschnitten werden. Diese sind geschickt miteinander verwoben, sodass sie beim Welken und Trocknen der Blätter dazu neigen, die sperrige Masse zusammenzuhalten. Sofern verfügbar, werden häufig Espenzweige verwendet. Die großen, fast runden Blätter bilden zusammen eine warme Wand und gleichzeitig ein Strohdach, das bis auf die heftigsten Regenfälle unempfindlich ist. Für den Fall, dass ein Feind in das Nest eindringen sollte, sind mehrere Ausgänge vorhanden und der Innenraum ist mit weichen Fasern ausgekleidet. Normalerweise baut jedes Eichhörnchen mehr als ein Nest, so dass in einem Gebiet, in dem es häufig vorkommt, die sperrigen Häuser nicht nur durch ihre Größe, sondern auch durch ihre Anzahl auffallen. Da mehrere Häfen sozusagen im Sturm sind, überstehen die Eichhörnchen den Winter sehr gut. An den kältesten Tagen bleiben sie gemütlich zusammengerollt in ihren Nestern, aber an hellen, ruhigen Tagen kann man sie dabei beobachten, wie sie nach ihren gehorteten Vorräten suchen, auch wenn sie möglicherweise mehrere Zentimeter Schnee durchgraben müssen, um an sie zu gelangen. Zu diesem Zeitpunkt ist ihr raues Bellen mit tiefem Klang noch über eine beträchtliche Entfernung zu hören.

Die Brut erfolgt im zeitigen Frühjahr, oft bevor der Schnee fällt. Die Eichhörnchen sind vollständig polygam, was einer der Gründe dafür ist, dass diese Art fast verschwinden kann und sich dann innerhalb von ein oder zwei Saisons wieder in ihrer Zahl erholt. Jedes Jahr kann es zwei Würfe geben, der erste kommt bereits im Mai und der zweite im August oder September. Wie bereits erwähnt, ist diese Art variabel und die Jungen können sich in der Färbung von ihren Eltern und untereinander unterscheiden. Melanistische Individuen kommen häufig vor; Diese sollten nicht mit dem Kaibab-Eichhörnchen verwechselt werden, dem sie oberflächlich ähneln. Es sind mehrere Unterarten bekannt, die für den Laien jedoch nicht leicht zu identifizieren sind.

Der erste Kontakt mit dieser wunderschönen Art ist ein unvergessliches Erlebnis. Nicht weniger interessant war es für die frühen Naturforscher, die als erste in die wilden Regionen vordrangen, in denen es lebte. Ihre Berichte sind reich an Adjektiven wie „schön", „anmutig" usw. Dr. SW Woodhouse, der die Sitgreaves- Expedition bei der Erkundung der Zuni- und Colorado-Flüsse begleitete, bemerkte es sofort und beschrieb es offiziell als eine Art in 1852. Seitdem wurde es in vielen der „Himmelsinseln" eingeführt, den Bergen, die südlich seines ursprünglichen Verbreitungsgebiets liegen. Es passt sich sehr gut an neue Bedingungen an und scheint zum Leben nur ein günstiges Klima und einen Ponderosa-Kiefernwald zu benötigen. Welche Auswirkungen seine Anwesenheit auf diese neue Umgebung haben wird, ist noch nicht bekannt. Es besteht immer die Gefahr, dass die einheimischen Pflanzen und Tiere unter einer solchen neuen Konkurrenz in einem etablierten Verbund leiden. Solche Einführungen sollten niemals ohne eine Untersuchung aller beteiligten Faktoren erfolgen.

Kaibab-Eichhörnchen
Sciurus kaibabensis **(lateinisch: Schattenschwanz ...**
aus dem Kaibab, einem Wald im Norden Arizonas)

VERBREITUNGSGEBIET : Ein etwa 30 × 70 Meilen großes Gebiet im Norden Arizonas. Die südliche Grenze wird durch den Nordrand des Grand Canyon of the Colorado begrenzt, und ein Großteil des Verbreitungsgebiets liegt innerhalb der Grenzen des Grand Canyon National Park.

LEBENSRAUM : Ponderosa-Kiefernwälder in Kanada und den oberen Übergangslebenszonen.

BESCHREIBUNG : Ein Eichhörnchen mit Quastenohren und einem *ganz weißen* Schwanz. In der Größe entspricht diese Art der von *Sciurus aberti*, aber die Färbung ist anders. Das Kaibab-Eichhörnchen hat den gleichen satten, kastanienbraunen Bereich entlang des Rückens und des oberen Teils des Kopfes, aber die Seiten sind tiefgrau und die Unterseite ist grau bis schwarz. Der Schwanz ist entweder ganz silbrig weiß oder hat auf der Oberseite kaum erkennbare hellgraue Ränder. Die Brut- und Brutgewohnheiten sind die gleichen wie bei *Aberti*.

Kaibab-Eichhörnchen

Dieses wunderschöne Eichhörnchen hat ein unverwechselbares Aussehen und einen ungewissen spezifischen Rang. Es wird hier aufgenommen, weil es von allen in dieser Broschüre behandelten Säugetieren die Auswirkungen des Isolationismus am besten veranschaulicht. Es besteht kaum ein Zweifel daran, dass die Vorfahren von *Aberti* und *Kaibabensis* demselben Stammstamm angehörten. Wie es dazu kam, dass die Vorfahren des Kaibab-Eichhörnchens am Nordrand des Grand Canyon festsaßen, ist von geringer Bedeutung. Vielleicht waren sie schon da, als das Colorado-Plateau noch jung war und der Fluss gerade erst seine gewaltige Aufgabe begann. Möglicherweise wanderten sie später aus, als die Schlucht noch nicht so tief war wie heute. Auf jeden Fall kann man davon ausgehen, dass sie seit Tausenden von Jahren am Nordrand leben, isoliert von ihren Verwandten am Südrand durch nur 20 Meilen dünne Luft in horizontaler Richtung, aber eine Wanderung zu Fuß, die einen Abstieg von einer Meile mit sich bringt durch zwei Lebenszonen (Upper Sonoran und Lower Sonoran), eine Überquerung eines breiten und turbulenten Flusses und ein Aufstieg zum South Rim durch dieselben beiden Wüstenzonen. Sicherlich ist dies ein Unterfangen für ein Eichhörnchen der kühlen Wälder, das zu gefährlich wäre, um erfolgreich zu sein, selbst wenn es versucht würde.

Die Faktoren, die die Färbung dieses Eichhörnchens verändert haben, sind nicht genau bekannt, aber klimatische Bedingungen sind wahrscheinlich zumindest teilweise dafür verantwortlich. Der Nordrand liegt etwa 300 Meter höher als der Südrand und ist erheblich kälter. In dieser höheren Lage liegt ein Großteil des Lebensraums des Kaibab-Eichhörnchens in der kanadischen Lebenszone. Dies wiederum macht bestimmte pflanzliche Lebensmittel verfügbar, die am South Rim selten oder unbekannt sind. Daher kann auch die Ernährung etwas mit dem ungewöhnlichen Aussehen zu tun haben.

Zu verschiedenen Zeiten war das Kaibab-Eichhörnchen als eigene Art bekannt, *Sciurus kaibabensis* ; in anderen Fällen wurde es lediglich als Unterart von *Sciurus aberti angesehen* . Letzteres ist sein derzeitiger Stand. Unabhängig vom jeweiligen Rang handelt es sich um eine Form, die streng geschützt werden sollte. Die Population ist klein und unterliegt den gleichen Schwankungen wie *Sciurus aberti* . Im Sommer 1946 war in der Gegend um die Grand Canyon Lodge nur ein einziges Individuum bekannt, wo sie normalerweise in großer Zahl anzutreffen waren. In solchen Zeiten könnte die rücksichtslose Zerstörung nur einiger weniger Eichhörnchen möglicherweise zur Ausrottung dieses seltenen und schönen Tieres führen.

Arizona-Grauhörnchen
Sciurus arizonensis (lateinisch: Schattenschwanz ... von Arizona)

VERBREITUNGSGEBIET : Zentrales bis südöstliches Arizona und angrenzende Teile des westlichen New Mexico in den Upper Sonoran und Transition Life Zones.

LEBENSRAUM : Wird mit den einheimischen schwarzen Walnüssen von Canyons in Verbindung gebracht oder kommt häufig zwischen den Kiefern an den Rändern von Canyons vor.

BESCHREIBUNG : Das Gemeine Graue Baumhörnchen kommt im oben angegebenen Verbreitungsgebiet vor. Der Arizona-Grau ist ein großes Tier. Die Gesamtlänge beträgt 20 bis 24 Zoll, wobei ein großer Schwanz 10 bis 12 Zoll dieses Maßes ausmacht. Bei der typischen Form ist die Oberseite dunkelgrau, die Unterseite und die Füße sind reinweiß. Der Schwanz ist ebenfalls dunkelgrau mit einem silberweißen Rand. Die schönsten Exemplare dieser Art findet man am Rande des Mogollon Rim in Arizona und New Mexico. Weiter südlich ist das Fell oft gelblich oder bräunlich gefärbt. In den Bergen entlang der Grenze sollte das Arizona-Grauhörnchen nicht mit dem mexikanischen Fuchshörnchen (Apache-Eichhörnchen) verwechselt werden, das hier kaum in die Vereinigten Staaten eindringt. Der mexikanische Cousin ist ungefähr so groß wie *Sciurus arizonensis*, ist definitiv gelbbraun und hat hellere Unterseiten derselben Farbe. Wie andere große Baumeichhörnchen des Westens baut das Arizona-Grau ein sperriges Nest aus Blättern und Zweigen, normalerweise in den oberen Zweigen eines Laubbaums. Jung, vier oder fünf pro Wurf; Unter außergewöhnlich günstigen Bedingungen können in einer Saison zwei Würfe aufgezogen werden.

Wenn man es mit dem königlichen Stamm der Abert-Eichhörnchen vergleicht , scheint dieses gewöhnliche graue Tier des Südwestens nur ein Bauer zu sein. Wenn man es alleine sieht, vergisst man Vergleiche. Bewusst in seinen Bewegungen, sei es beim Überqueren des Waldbodens oder beim Durchwandern der grünen Gänge in den Baumwipfeln, scheint es immer sein nächstes Manöver geplant zu haben. Das Ergebnis ist eine lässige Anmut, die den kräftigen Körper und den schönen Schwanz optimal zur Geltung bringt. Das Arizona-Grau hat ein ruhiges Temperament und weist nur wenig von der misstrauischen Natur auf, die für kleinere Eichhörnchen charakteristisch ist. Es lässt sich leicht im Freien zähmen und wird zu einem der befriedigendsten wilden Freunde. Es wird jedoch nicht empfohlen, sie zu irgendeinem Zeitpunkt aus der Hand zu füttern oder anzufassen. „Vertrautheit erzeugt Verachtung" ist ein Sprichwort, das nicht nur auf Menschen zutrifft. Der Biss eines Eichhörnchens kann sowohl schwerwiegend als auch schmerzhaft sein.

Sowohl Mearns als auch Bailey, die vor vielen Jahren über diese Art geschrieben haben, erwähnen, dass sie hauptsächlich unter den Walnussbäumen der Upper Sonoran Life Zone vorkommt. Vielleicht hat sie der Druck der Zivilisation in den vergangenen Jahren aus ihrem gewählten Lebensraum in eine höhere Lage getrieben. Obwohl sie immer noch in isolierteren Tälern anzutreffen sind, findet man sie mittlerweile auch in beträchtlicher Zahl unter den Kiefern der Transition Life Zone. Das raue, zerklüftete Land entlang des Mogollon-Rands scheint für ihre Anforderungen am besten geeignet zu sein, und mittlerweile gibt es dort recht viele Exemplare.

Arizona-Grauhörnchen

Entlang der Grenze der Upper Sonoran und Transition Life Zone findet dieses anpassungsfähige Tier eine große Vielfalt an Nahrung. Obwohl die Eichhörnchen im Allgemeinen als Nüssesammler und -speicher bekannt sind , gibt es auch viele andere Arten pflanzlicher Nahrung, die sie zu sich nehmen, wenn die Bedingungen dies erfordern . Die Kambiumschicht aus Rinde und Blattknospen verschiedener Baumarten wird im Frühjahr gefressen, wenn die Nussvorräte aufgebraucht sind. Beeren, Früchte und sogar Blumen bilden im Sommer einen erheblichen Teil der Ernährung. Im Herbst liefert die reifende Ernte von Pinienkernen und Walnüssen nicht nur Nahrung für den sofortigen Gebrauch, sondern auch Vorräte für die lange

Wintersaison, in der die Unglücklichen verhungern könnten, wenn nicht genügend Vorräte vorhanden sind. Die Sammelzeit ist eine Zeit unablässiger Arbeit. Von morgens bis abends arbeiten die Eichhörnchen fieberhaft daran, Nüsse zu den von ihnen ausgewählten Verstecken zu tragen. Manchmal befinden sie sich in einem hohlen Baum oder einem Nest, aber normalerweise wird die Ernte im Humus und Schutt vergraben, der sich an den Baumwurzeln ansammelt.

Die Arbeit besteht aus zwei Phasen. Im ersten Schritt arbeitet das Eichhörnchen im Baum, schneidet die Zapfen oder Nüsse ab und lässt sie auf den Boden fallen. Wenn eine beträchtliche Anzahl abgeworfen wurde, steigt er herab und trägt sie einen nach dem anderen fort. Letzterer Vorgang ist der gefährlichste, da Feinde einen unangemessenen Vorteil gegenüber diesem Luftflieger haben, wenn er am Boden ist. Bei der Ernte zeigen die Eichhörnchen deutlich die Wirkung ihrer Arbeit. Beim Sammeln von Tannenzapfen verfilzt das Fell ihrer Vorderbeine und Unterseiten mit Pech. Der Saft von Walnussfrüchten (verwandt mit der östlichen Schwarznuss *Juglans nigra* , die die frühen Pioniere als Farbstoffquelle zum Färben ihrer handgewebten Stoffe verwendeten) färbt ihre Unterseite schmutzig braun. Diese Spuren ihrer Arbeit bleiben bei ihnen, bis das Sommerfell abgeworfen wird, um Platz für das schwere Winterfell zu machen.

Wenn der Gattungsname *Sciurus* (Schattenschwanz) erwähnt wird, erinnere ich mich an ein Arizona-Grauhörnchen, das ich vor einigen Jahren beobachtet habe. Im Spätherbst lagerten meine Frau und ich in der Nähe des Quellgebiets des Hassayampa-Flusses in einem Mischwald aus Harthölzern und Nadelbäumen. Unsere Ankunft hatte die Arbeit eines Eichhörnchens unterbrochen, das in unmittelbarer Nähe Walnüsse sammelte, aber es gewöhnte sich bald an unsere Anwesenheit und nahm seine Aktivitäten wieder auf. In jeder sonnigen Stunde war er damit beschäftigt, die Nüsse einzulagern, viele davon am Fuß einer alten Kiefer in der Nähe des Lagers. Kurz darauf setzte ein Herbststurm ein, der mehrere Tage anhielt. Es entwickelte sich ein Muster aus nebligem Nieselregen, gefolgt von Phasen klaren Wetters, in denen für einige Minuten die Sonne erscheinen konnte. In sonnigen Zeiträumen tauchte das Eichhörnchen auf, aber sobald es wieder bewölkt war , verschwand es genauso schnell. Endlich entdeckten wir seinen Rückzugsort. Wenn noch mehr Regen drohte, rannte er den Kiefernstamm hinauf zum ersten Ast. Hier drehte er seinen Hintern zum Loch und krümmte sich zu einem kleinen pelzigen Ball zusammen, wobei sein langer, buschiger Schwanz nach vorne über seinen Rücken und seinen Kopf gelegt und bis vor seine Nase reichte und einen bewundernswerten Schutz gegen die wenigen Tropfen bildete, die durch ihn hindurchspritzten das dichte Laub über uns.

Eichhörnchen sind nicht die einzigen Tiere, die ihren buschigen Schwanz zum Schutz vor den Elementen nutzen. Viele Säugetiere rollen sich zusammen und wickeln den Schwanz um sich, um sich zu wärmen, aber nur der Stamm der Eichhörnchen hat einen Schwanz, der lang, breit und flach genug ist, um als Dach verwendet zu werden. Obwohl der Ursprung des Begriffs *Sciurus* verloren gegangen ist, ist es nicht allzu weit hergeholt anzunehmen, dass er darauf zurückzuführen ist, dass ein Eichhörnchen seinen Schwanz als Sonnenschirm benutzt.

Fichteneichhörnchen, Kieferneichhörnchen
(DOUGLAS EICHHÖRNCHEN, CHICKAREE)
Tamiasciurus Hudsonicus fremonti (Griechisch: Tamia , Steward und Latein: Sciurus , Schattenschweif ... des Hudson, benannt nach Fremont)

Fichteneichhörnchen

VERBREITUNGSGEBIET : Utah, Colorado, Arizona und New Mexico in der Hudsonianischen und Kanadischen Lebenszone.

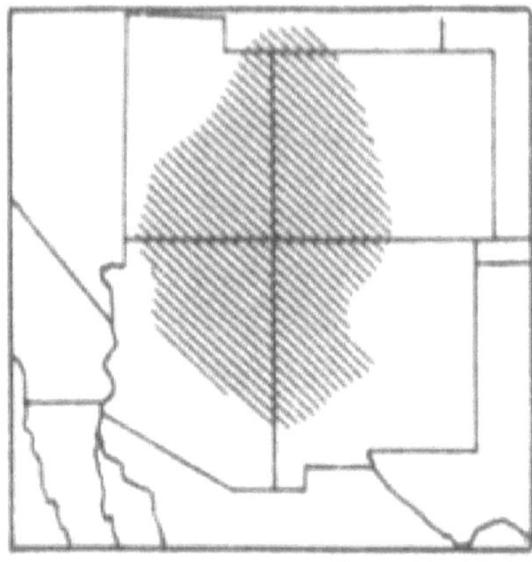

LEBENSRAUM : Nadelwälder, vorzugsweise Fichten, in den höheren Bergen.

BESCHREIBUNG : Ein kleines graues Eichhörnchen, normalerweise das einzige Eichhörnchen, das auf der Höhe, auf der es lebt, zu finden ist. Gesamtlänge 13 bis 14 Zoll. Schwanz 5 bis 6 Zoll. Zwei unterschiedliche Fellfarben sind saisonabhängig. Das Winterfell ist oben olivgrau bis rötlichgrau mit hellerer Unterseite; Das Sommerfell ist bräunlichgrau bis gelbgrau mit fast weißem Bauch und Füßen. Ein schwarzer Streifen an den Seiten ist zu jeder Jahreszeit auffällig. Der Schwanz ist schmal und deutlich kürzer als der Körper. Es ist unten grau, oben rötlich grau, mit schwarzem Rand und einer schwarzen Spitze. Über die Brutgewohnheiten ist wenig bekannt. Die vier Jungen werden im Frühsommer geboren und sind normalerweise im August mit der Mutter auf Nahrungssuche.

Zu den Fichteneichhörnchen (Verbreitung in der beigefügten Karte dargestellt) gehören mehrere der mehr als zwei Dutzend Arten roter Eichhörnchen in den Vereinigten Staaten, die zur Art *hudsonicus gehören* . Zusammen mit mehreren Unterarten des Douglas-Eichhörnchens (Art *douglasi* , dem „Chickaree" der äußersten westlichen Berge) bilden sie die Gattung *Tamiasciurus* . Dieser Begriff , eine Kombinationsform von *Tamias* (die Gattung der Streifenhörnchen) und *Sciurus* (die der Eichhörnchen), zeigt deutlich die Verwandtschaft der roten Eichhörnchen mit beiden Gruppen an. Es ist auch auf dem Feld deutlich zu erkennen, wo der kurze, schmale Schwanz, der schwarze Streifen an der Seite und die nervöse Veranlagung an die Streifenhörnchen erinnern, während die Baumgewohnheiten, die vergleichsweise große

Größe und die hustende Rinde deutlich an Eichhörnchen erinnern.

Das Fichteneichhörnchen findet man selten, wenn überhaupt, unterhalb einer Höhe von 6500 Fuß und dann nur in den schattigen Schluchten an der Nordseite der Berge. Von diesem Tiefpunkt reicht es bis zur Waldgrenze bzw. knapp unterhalb des Punktes, an dem die Bäume zu verkümmert sind, um den erforderlichen Schutz zu bieten. Er bevorzugt den dichten Schatten dicht bewaldeter Gebiete und ist daher nahe der südlichen Grenze seines Verbreitungsgebiets selten und im nördlichen Teil immer häufiger anzutreffen.

Wie der Rest seiner Gruppe ist dieses kleine Tier mit seinen leuchtenden Augen stets über alles informiert, was in dem von ihm gewählten Revier geschieht. Jeder Eindringling wird gründlich untersucht, dann ebenso gründlich bestraft und wenn möglich vertrieben. Da diese Eichhörnchen das Reich des anderen zu erkennen scheinen, verschwinden Eindringlinge ihrer Art normalerweise beim ersten Anzeichen von Ärger. Bei größeren Tieren und Menschen besteht der Angriff eher aus psychologischer als aus physischer Kriegsführung. Von einem Ast in sicherer Entfernung über dem Boden aus plappert und schimpft der tapfere Krieger mit zunehmender Heftigkeit, solange der imaginierte Gegner ein passives Interesse zeigt. Bei der ersten bedrohlichen Bewegung verschwindet es blitzschnell auf der gegenüberliegenden Seite des Baumes. Kratzgeräusche und fallende Rindenschuppen sowie gereizte Trotzgeräusche deuten darauf hin, dass es sich den Stamm hinaufarbeitet. Plötzlich taucht es auf einem anderen Ast in einiger Entfernung über dem ersten wieder auf und die eigentliche Show beginnt. Wutanfälle, Stampfen mit den Füßen, Wedeln mit dem Schwanz und Fluten von Beschimpfungen sollen zeigen, dass ein Schritt näher Ärger bedeutet. Ein paar Quietschgeräusche aus Ihren gespitzten Lippen und dieser gewaltige Bluff weicht der Neugier. In wenigen Minuten ist der einstige Herausforderer wieder auf dem ersten Ast und versucht herauszufinden, worum es bei dieser seltsamen Kreatur geht. Diese amüsante Prozedur kann und wird in der Regel immer wieder durchgeführt, nur um die stotternden Wutausbrüche zu beobachten, zu denen dieses winzige Wesen fähig ist. Bei rücksichtsvollerer Behandlung werden sie bald ziemlich zahm, auch wenn eine schnelle Bewegung sie selbst dann in die Flucht schlägt Skelter zum nächsten Baum.

Es ist gut, dass dieses Eichhörnchen ein schneller und unermüdlicher Arbeiter ist. Die Samen, die aus den Fichtenzapfen gewonnen werden, sind so winzig, dass eine enorme Anzahl erforderlich ist, um diese Energie bereitzustellen. Da es eine solche Menge verarbeiten muss, ist es bei der Lagerung der Ernte nicht so vorsichtig wie einige größere Eichhörnchen. Im weichen Lehm unter den Bäumen sind verhältnismäßig wenige Zapfen vergraben; Der Rest wird in Löcher unter den sich ausbreitenden Wurzeln gestopft oder einfach in der Nähe der Stammbasis zu Haufen aufgehäuft. In einem Jahr, in dem es reichlich Zapfen gibt, kann es sein, dass sich in einem dieser Haufen ein Scheffel oder mehr befindet. Da sich mehrere solcher Haufen in unmittelbarer Nähe des warmen Nests befinden, das in den Zweigen eines nahegelegenen Nadelbaums befestigt ist, hat der kleine Erntehelfer Aussicht auf einen ruhigen Winter. Nur bei schlechtem Wetter sind diese aktiven Tiere auf ihre Nester beschränkt. Sie halten die Tunnel für ihre Vorräte offen und jeder Schneefall erhöht die Sicherheit der Caches. Den ganzen Winter über nehmen die Vorräte ab, während der Schnee unter einigen Lieblingsbarschen mit Schuppen und abgeworfenen Zapfenmitten übersät ist. Bis zum Frühling, der in dieser Höhe spät kommt, sind die Zapfen verschwunden und das Eichhörnchen kehrt zu seiner Sommernahrung aus Blattknospen, Samen, Beeren, Pilzen und Kräutern zurück.

Das Fichteneichhörnchen ist das letzte der sogenannten echten Eichhörnchen in diesem Buch, und da die Gruppe in Bezug auf Nahrung, Feinde und Beziehungen zum Menschen viele Gemeinsamkeiten hat, ist möglicherweise eine kurze Zusammenfassung angebracht.

Wie bereits erwähnt, besteht die Hauptnahrung dieser Tiere aus Gemüse. Sie alle nehmen jedoch, sofern sich die Gelegenheit dazu bietet, Vogeleier und Jungvögel auf. Dies ist keineswegs als Verurteilung des Stammes der Eichhörnchen gedacht. Ihre Eingriffe in die Vogelpopulation könnten als „natürliche Verluste" bezeichnet werden. Die Natur hat bei der Fortpflanzung von Vögeln längst eine Norm etabliert, die solchen Verlusten Rechnung trägt.

Die Feinde von Eichhörnchen sind Legion. Aus der Luft sind die größeren Falken und Eulen und sogar Adler immer auf der Hut, um auf sie zuzufliegen. Am Boden fordern Luchse, Rotluchse, Füchse und Kojoten ihren Tribut. In Nord-Utah und Colorado ist der Marder eine der wichtigsten lokalen

Bekämpfungsmaßnahmen für die Eichhörnchenpopulation. Der schnelle und kraftvolle Marder fühlt sich sowohl auf dem Boden als auch in den Bäumen zu Hause und ist ein glückliches Eichhörnchen, das einem entkommen kann. Der Tribut, den all diese Raubtiere fordern, ist hoch, doch die natürliche Fruchtbarkeit des Eichhörnchens ist so groß, dass die Population manchmal außer Kontrolle gerät und Krankheiten den Überschuss vernichten müssen.

In ihrer Beziehung zum Menschen gehören die Eichhörnchen zu den bemerkenswertesten unserer heimischen Säugetiere. Normalerweise ist es nicht der Zweck dieses Buches, auf die wirtschaftliche Bedeutung unserer Säugetiere hinzuweisen, aber die wohltuende Arbeit an den Eichhörnchen ist zu wichtig, um sie außer Acht zu lassen. Eine der wertvollsten natürlichen Ressourcen Amerikas sind Wälder. Im trockenen Südwesten sind die Mäntel aus lebendigem Grün, die die Berge bedecken, von unschätzbarem Wert. Das sind zwar pauschale Aussagen, aber es handelt sich um nüchterne Tatsachen.

Eichhörnchen spielen eine wichtige Rolle bei der Erhaltung dieses nationalen Erbes. Die Tatsache, dass sie dies mehr oder weniger zufällig tun, dient lediglich dazu, die Aufmerksamkeit auf die subtilen Muster zu lenken, nach denen sich alle Lebewesen bewegen, um einander zu dienen. Nehmen Sie zum Beispiel die einfache Mechanik zur Aufbewahrung eines Tannenzapfens. Unter einem schattigen Nadelbaum wird ein mehrere Zentimeter tiefes Loch in den weichen Duff gegraben . Der Kegel wird fest in den Boden des Lochs gedrückt und mit mehreren kräftigen Stößen der Nase festgestampft. Anschließend wird das Loch sorgfältig verfüllt und geglättet, damit kein Plünderer es entdecken kann. Dieser Vorgang kann von einer Person hunderte Male wiederholt werden. Wenn das Tier nie zurückkehrt (und die Sterblichkeitsrate bei Eichhörnchen hoch ist), kann der Zapfen als gepflanzt betrachtet werden. Es wird nicht nur in der richtigen Tiefe und im am besten geeigneten Material für eine erfolgreiche Keimung und ein erfolgreiches Wachstum gepflanzt, sondern ist auch voller praller, fruchtbarer Samen. Durch seinen Instinkt weiß das Eichhörnchen, welche Nüsse und Zapfen gesund und voll entwickelt sind. Wenn Sie daran zweifeln , untersuchen Sie einige davon, die sie am Baum hinterlassen haben. Sie werden ausnahmslos von Insekten befallen oder in anderer Hinsicht „minderwertig" sein. Eine der beliebtesten Quellen für Pinienkerne für Wiederaufforstungsprojekte in den Nordstaaten sind die Vorräte des roten Eichhörnchens. Die Schuppen der Zapfen sind bei der Entnahme fest verschlossen, aber wenn sie sich auf dem Trockenboden öffnen, beweisen die gesunden, fruchtbaren Nüsse das untrügliche Urteilsvermögen des Erntehelfers.

Nördliches Flughörnchen
Glaucomys sabrinus (Griechisch: glauco , silbrig und Griechisch: mys , Maus)

VERBREITUNG : Weit verbreitet in den meisten unserer nördlichen Staaten und Kanada. In dem in diesem Buch behandelten Abschnitt findet man sie nur im Nordosten und Süden von Zentral- Utah, mit einem möglichen Vorkommen im Nordwesten Colorados.

LEBENSRAUM : Verbunden mit Nadelwäldern im Übergang zu alpinen Lebenszonen.

BESCHREIBUNG : Unser einziges in der Luft lebendes Säugetier mit einem langen, buschigen Schwanz. Gesamtlänge 9¾ bis 11½ Zoll. Schwanz 4½ bis 5½ Zoll. Charakteristisch für diese Art ist die Hautfalte entlang jeder Seite vom Vorder- bis zum Hinterbein. Bei den zahlreichen Unterarten dieses Eichhörnchens gibt es erhebliche Farbunterschiede. Im Allgemeinen variieren die oberen Teile von dunkelbraun bis zimtbraun. Gesichtsseiten grau; Unterseite weiß bis zimtrosa darunter. Die Hinterpfoten sind braun, die Vorderpfoten grau. Die fliegende Membran ist oben bräunlichschwarz, unten weiß bis zimtfarben. Die Augen sind groß und dunkelbraun. Junge, zwei bis sechs in einem Wurf, im Frühjahr geboren; Ein zweiter Wurf wird manchmal im Frühherbst produziert.

Da Flughörnchen fast ausschließlich nachtaktiv sind, werden sie selten gesehen. Das ist bedauerlich, denn sie gehören zu den interessantesten Waldbewohnern. Wahrscheinlich haben mehr Menschen Flughörnchen durch die Raubtiere einer Hauskatze gesehen als auf andere Weise. Sanft und furchtlos fallen die Eichhörnchen diesem Nachtschwärmer leicht zum Opfer, der sie manchmal nach Hause bringt, um es seinen Besitzern zu zeigen. Seltsamerweise werden die Opfer oft nicht ernsthaft verletzt, und wenn man sie von der Katze nimmt und ihnen erlaubt, sich von ihrem anfänglichen Schrecken zu erholen, gleiten sie mit viel der Anmut, die sie in der Wildnis an den Tag legen, durch den Raum.

Eigentlich fliegen diese Eichhörnchen nicht; das heißt, sie sind nicht in der Lage, den horizontalen oder aufsteigenden Flug aufrechtzuerhalten. Vielmehr klettern sie in einem Baum auf eine bestimmte Höhe, springen dann hinaus und gleiten zu einem tieferen Punkt, normalerweise zum Stamm eines anderen Baumes. Da der Winkel normalerweise ziemlich steil ist , erreichen sie eine beträchtliche Geschwindigkeit. Diesen Schwung bremsen sie, indem sie kurz vor Erreichen ihres Ziels nach oben neigen. Dies führt zu einer Landung mit vier Punkten auf dem Baumstamm, manchmal mit einem Aufprall, der in einer ruhigen Nacht noch aus einiger Entfernung zu hören ist. Während dieser Flüge, die sich über 50 Meter und mehr erstrecken können, können sie die Richtung ändern oder gegen Windströmungen manövrieren. Dies geschieht durch Manipulation der Flugmembran und Verwendung des Schwanzes als Ruder. Nach einem Flug steigen sie normalerweise in die Sicherheit des darüber liegenden Laubwerks auf. Sie können am Boden nicht als unbeholfen angesehen werden, aber es ist nicht ihr gewählter Lebensraum. Flughörnchen leben mehr auf Bäumen als alle unsere Säugetiere, mit Ausnahme einiger Fledermausarten.

Nördliches Flughörnchen

Über die Gewohnheiten dieses ungewöhnlichen Eichhörnchens ist wenig bekannt, sie unterscheiden sich jedoch erheblich von denen seiner Verwandten, die in den sonnigen Stunden aktiv sind. Anstatt in einem sperrigen Nest zu leben, das in Ästen hängt, wählt dieser nachtaktive Luftakrobat einen hohlen Baum oder ein verlassenes Spechtloch, wo die Sonnenstrahlen niemals eindringen. Nester wurden auch unter Rindenplatten gefunden, die an alten, vom Blitz getroffenen Baumstümpfen hingen. Sie sind mit weichen Fasern und zerkleinerter Rinde ausgekleidet und beherbergen oft ganze Familien fliegender Eichhörnchen, denn im Gegensatz zu den anderen Eichhörnchen kommen diese sanften Geschöpfe gut miteinander aus. Tatsächlich könnte man sie fast als gesellig bezeichnen. Im Gegensatz zum gewöhnlichen Eichhörnchenverhalten bellen oder schimpfen sie nie. Ihr einziger Laut ist ein feines Pfeifgeräusch, das normalerweise nur im Nest zu hören ist .

Obwohl das Flughörnchen zierlich aussieht, ist es äußerst robust. Es ist den ganzen Winter über im Ausland und ist nur bei stürmischem Wetter auf sein Nest beschränkt. Es lagert Nahrung für den Winter, aber seine Verstecke liegen meist oberirdisch in hohlen Bäumen und Spalten und nicht im Lehm. Ihre Nahrung besteht hauptsächlich aus Pinienkernen, Samen und Eicheln, aber sie essen auch gern Fleisch. So manches fliegende Eichhörnchen ist bei dem Versuch ums Leben gekommen, den Köder aus einer Falle für Großwild zu nehmen. Dieser Geschmack ist ungeklärt; Es ist nicht bekannt, dass es andere Tiere jagt.

Westliche Streifenhörnchen
Gattung *Eutamias* (Griechisch: eu , gut oder gut und tamias , Verwalter)

In dem von diesem Buch abgedeckten Gebiet gibt es mindestens vier Arten von Streifenhörnchen, die heimisch sind. Normalerweise werden nur eine oder vielleicht zwei Arten einer Gattung zur Diskussion ausgewählt. In diesem Fall sind die Streifenhörnchen jedoch so aufreizende kleine Geschöpfe, dass ihre Anwesenheit so großes Interesse hervorruft, dass alle vier Arten, wenn auch nur für kurze Zeit, einbezogen werden. Da sich die Verbreitungsgebiete und Lebenszonen einiger von ihnen in vielen Gebieten überschneiden, wird die eindeutige Identifizierung einer Art an diesen Orten schwierig sein, an anderen hingegen wird eine Art dominant oder allein sein. Hier können die subtileren Merkmale und Verhaltensweisen dieses Typs im Gedächtnis fixiert werden, und mit der Zeit wird es weniger schwierig sein, sie voneinander zu trennen. Denken Sie daran, dass die meisten dieser Arten mehrere Unterarten haben. Diese treten im Allgemeinen am oberen oder unteren Rand der von der Art frequentierten Lebenszone auf. Auf dem Feld sind sie normalerweise nur für den geübtesten Beobachter vom Typus zu unterscheiden.

1. Colorado-Streifenhörnchen (*Eutamias Quadrivittatus* _

Streifenhörnchen aus Colorado

VERBREITUNG : Nord-Arizona, Nord-New Mexico, der größte Teil von Utah und alle bis auf den nördlichsten Teil von Colorado. Dieses Streifenhörnchen lebt größtenteils in der Transition Life Zone. Die eng verwandte Art *umbrinus* , allgemein „Uinta-Streifenhörnchen" genannt, bewohnt die kanadischen und Hudson-Lebenszonen in den Uinta- und Wasatch-Bergen im Nordosten Utahs.

Colorado

Uinta Streifenhörnchen

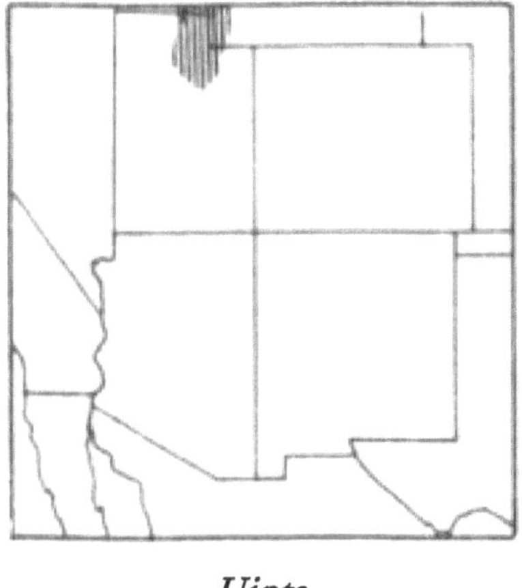

Uinta

2. Grauhalsstreifenhörnchen (*Eutamias Cinereicollis*)

Grauhalsstreifenhörnchen

VERBREITUNGSGEBIET : Zentral-Arizona ostwärts bis in den Südwesten und Süden von Zentral -New Mexico. Gesamtlänge 7½ bis 10 Zoll. Schwanz 3½ bis 4 ½ Zoll . Transition Life Zone und höher. *Hals und Schultern grau.*

Grauhalsig, Cliff

3. Kleinstes Streifenhörnchen (*Eutamias minimal*)

Zumindest Streifenhörnchen

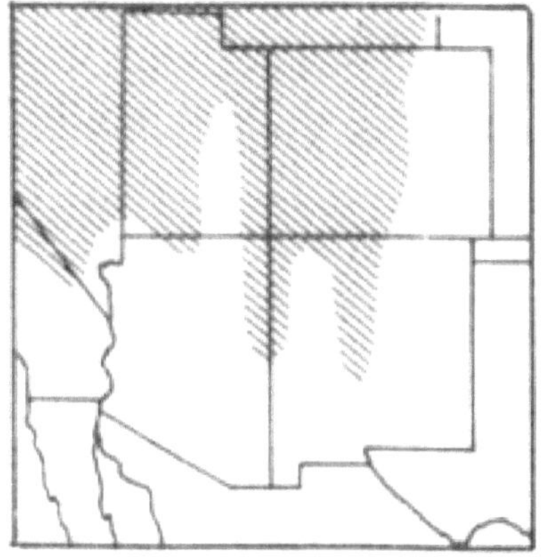

Am wenigsten

4. Klippenstreifenhörnchen (*Eutamias dorsalis*)

Klippenstreifenhörnchen

VERBREITUNGSGEBIET : Nord- und West-Utah, erstreckt sich über Südost-Arizona und West-New Mexico. Hauptsächlich in der oberen Sonora-Zone zu finden. Gesamtlänge 8 ⅘ bis 9 ½ Zoll. Schwanz 3 ⅘ bis 4 ½ Zoll. *Das undeutlichste dieser Streifenhörnchen.*

Im Allgemeinen sind Streifenhörnchen das Bindeglied zwischen Erdhörnchen und Baumeichhörnchen. Körperlich weisen sie Merkmale beider Gruppen auf, eine Kombination, die in der Tat erfreulich ist. Ein Feldzeichen, das eindeutig auf die Gruppe der Streifenhörnchen hinweist, ist das gestreifte Gesicht. Zusätzlich zu den Gesichtsstreifen sind Streifenhörnchen auch auf dem Rücken gestreift. Das Muster besteht aus einer dunklen bis schwarzen Mittellinie, die auf jeder Seite von zwei weiteren ähnlichen Linien unterschiedlicher Intensität begrenzt wird. Diese feinen Linien werden durch breitere kontrastierende Farbbänder von Kastanie bis Weiß getrennt. Letzteres Merkmal haben mehrere Erdhörnchen gemeinsam, die oft mit Streifenhörnchen verwechselt werden. Die vorherrschenden Farben der Streifenhörnchen im Südwesten gehen ins Rötliche, Kastanienbraune und Grauweiß mit den oben erwähnten dunklen bis schwarzen Linien. Die Unterseite ist immer deutlich heller als der Rücken. Der Schwanz von Streifenhörnchen ist normalerweise kürzer als sein Körper, horizontal abgeflacht und im Vergleich zu Baumeichhörnchen kurzhaarig. Alle Arten verfügen über Backentaschen mit beträchtlichem Fassungsvermögen.

Wie aus den oben angegebenen Verbreitungsgebieten hervorgeht, umfasst der Lebensraum der Streifenhörnchen das gesamte Gebiet von den mit Beifuß bedeckten Ausläufern bis zur Waldgrenze. Ihre dichteste Population befindet sich jedoch in dichten Wäldern etwa in der Mitte zwischen diesen beiden Extremen. Hier tragen ihre leuchtenden Farben und lebhaften Aktionen viel dazu bei, düstere Umgebungen zu beleben. Trotz ihrer wunderbaren Kletterfähigkeit sieht man sie am häufigsten in Bodennähe oder etwas höher. Sie lieben Gebiete mit umgestürzten Bäumen. Die ausgestreckten Stämme dienen vortrefflich als Autobahnen für ihre Streifzüge auf der Suche nach Nahrung, und unter dem Müll, der sich um sie herum ansammelt, gibt es viele Zufluchtsorte, in die ein unter Druck geratenes Streifenhörnchen auftauchen kann, wenn es von einem Feind verfolgt wird. Das von jedem dieser kleinen Geschöpfe angeeignete Territorium wird mit größter Sorgfalt erkundet und alle Zufluchtsorte für künftige Notfälle markiert. Jeder Versuch, sie zu verfolgen, wird ihre unheimliche Erinnerung an diese vorübergehenden Verstecke offenbaren und dass sie selten weit davon entfernt sind.

Ihre dauerhaften Wohnsitze liegen meist unter der Erde, ausgegraben unter den Wurzeln von Bäumen oder in felsigem Gelände. Am Ende eines engen Tunnels entsteht ein Raum von beträchtlicher Größe. Der Erdaustrag erfolgt häufig durch einen Seitentunnel, der nach Abschluss des Aushubs dauerhaft mit Erde verschlossen wird. Die unterirdische Kammer ist zur Isolierung gegen die Kälte mit weichen Gräsern und Fasern ausgekleidet. In den höheren Lagen kann der Boden während der langen Winter bis zu einer Tiefe von mehreren Fuß gefrieren. Dauernester werden manchmal in hohlen Baumstämmen gebaut , aber fast nie in Löchern aufrecht stehender Bäume. Streifenhörnchen haben wenig Gefallen an Wohnungen im Obergeschoss. Zusätzlich zu dem großen Hohlraum, in dem sich das Nest befindet, sind mehrere Lagerkammern für die Winternahrung vorgesehen. Diese können durch Tunnel mit der Hauptwohnung verbunden sein oder völlig unabhängig von den Wohnräumen und in einiger Entfernung liegen. Als Besonderheit verfügen viele der aufwändigeren Häuser über einen separaten Raum, der für sanitäre Zwecke reserviert ist. Wie die meisten unserer einheimischen Nagetiere sind Streifenhörnchen äußerst sauber in ihren Gewohnheiten.

Es ist schwierig, die Gewohnheiten einer so großen und weit verbreiteten Gruppe wie unserer südwestlichen Streifenhörnchen nur auf oberflächliche Weise zu diskutieren. Im Allgemeinen sind sie viel terrestrischer als Eichhörnchen und bevorzugen buschiges, felsiges Gelände gegenüber den offeneren Wäldern, in denen ihre größeren Verwandten häufig vorkommen. Dennoch sind sie geschickte Kletterer und zögern nicht, auf der Suche nach Nahrung oder um ihren Feinden zu entkommen, in die Bäume zu gehen. Diese Baumexkursionen beschränken sich normalerweise auf einen Baum; Normalerweise wagen sie nicht die gewagten Sprünge von einem zum anderen, die für Eichhörnchen charakteristisch sind. Sie bewegen sich ruhig am Boden und schlängeln sich so gekonnt durch das Unterholz, dass ihre Anwesenheit oft unentdeckt bleibt.

Normalerweise sind Streifenhörnchen beim ersten Kennenlernen schüchterne Wesen, aber wenn ihre Freundschaft gefördert wird , werden sie oft so frech, dass sie unwillkommen sind. Wehe dem Camper, dessen Madenbox während seiner Abwesenheit angegriffen wird. Diese winzigen Opportunisten können in kürzester Zeit eine überraschende Menge an Lebensmitteln wegschaffen. Ihre natürliche Ernährung ist je nach Lebensraum sehr unterschiedlich. Streifenhörnchen des Vorgebirges fressen eine große Vielfalt an Grassamen, Beeren und Kaktusfrüchten. Dies sind möglicherweise die Lieblingsspeisen der gesamten Gruppe, aber mit zunehmender Höhe wird dieser Vorrat begrenzt und durch Wacholderbeeren, Eicheln und Pinienkerne ergänzt. Beträchtliche Mengen dieser weniger verderblichen Lebensmittel werden für den zukünftigen Bedarf zurückgelegt. In den Sommermonaten sorgen Kräuter, Pilze, kleine Knollen und einige Insekten für Abwechslung auf dem ansonsten trockenen Speiseplan.

Es ist zweifelhaft, ob südwestliche Streifenhörnchen im Winter einen echten Winterschlaf einlegen. Die Tiere in niedrigeren Lagen sind in den kälteren Monaten aktiv, es sei denn, eine außergewöhnlich schlechte Wetterperiode zwingt sie, einige Tage unter der Erde zu bleiben. In höheren Lagen verschwinden sie möglicherweise wochenlang, es wird jedoch angenommen, dass sie in ihren unterirdischen Quartieren aktiv bleiben. Die Tatsache, dass sie im Herbst keine Fettschicht auflegen, wie viele Arten, von denen bekannt ist, dass sie Winterschlaf halten, untermauert diese Theorie.

Die Brutgewohnheiten von Streifenhörnchen sind nicht allzu gut bekannt. Die Zahl der jungen Menschen liegt im Durchschnitt zwischen vier und sechs. Die in geringer Höhe lebenden Arten bringen manchmal jedes Jahr zwei Würfe zur Welt; diejenigen in höheren Lagen sind auf einen beschränkt. Wie die Erdhörnchen können die Jungen den Bau verlassen, wenn sie kaum mehr als zur Hälfte ausgewachsen sind. In diesem frühen Alter sehen sie mit ihren großen Köpfen und dem spärlich behaarten Schwanz eher lächerlich aus. Dies ist eine Zeit großer Gefahr, da die Jungtiere leicht von Raubtieren gefangen werden, denen ein erwachsenes Individuum ohne große Schwierigkeiten entkommen würde. Die wichtigsten Raubtiere der Streifenhörnchen sind Rotluchse, Falken, Füchse und Kojoten. Die letzten beiden graben oft die Höhlen aus. Der Marder ist möglicherweise ihr schlimmster Feind, aber zum Glück für den Stamm der Streifenhörnchen ist er in seinem gesamten Verbreitungsgebiet ein seltenes Tier.

Streifenhörnchen kommen in mehreren unserer südwestlichen Nationalparks und Denkmäler recht häufig vor. Trotz gegenteiliger Anzeichen kann die Öffentlichkeit nicht widerstehen, diese kleinen Bettler zu füttern, und aus dieser Praxis ergeben sich viele Situationen. Ich erinnere mich an das Campen im Bryce-Canyon-Nationalpark, wo die wenigsten Streifenhörnchen ein häufiger Bewohner sind. Als wir eines Tages von Rainbow Point zurückkamen, erspähten wir einen Streifenhörnchen mit prallen Backentaschen, der unser Zelt verließ, um sich irgendwo am Rand des Canyons seinen Bau zu suchen. Wir stellten fest, dass unser Besucher in die Madenbox eingedrungen war und ein hübsches Loch in die Oberseite eines Reiskartons gerissen hatte. Obwohl wir erst kurze Zeit weg waren, war bereits mehr als die Hälfte des Inhalts weggetragen worden. Dies war ein Zustand, der behoben werden musste, also beschlossen wir, dem Plünderer eine Lektion zu erteilen. Auf seiner Rückfahrt warteten wir, bis er den Karton betreten hatte, und zogen dann ein Geschirrtuch über das Loch. Das Zellophanfenster an der Seite des Kartons ermöglichte uns einen hervorragenden Blick auf unseren Gefangenen. Als er in seinem Plündern unterbrochen wurde, versuchte er zunächst, aus dem Karton herauszukommen, doch da er keinen Ausweg fand, stopfte er sich wieder Reis in die Backentaschen. Als sie bis zum Rand gefüllt waren, lehnte er sich ruhig zurück und starrte starrend zurück. Am Ende ließen wir ihn gehen und gaben ihm den Rest des Reises und verlangten von ihm so viel Geld wie möglich, indem wir Fotos von seiner Arbeit machten.

Goldmantel-Ziesel
Citellus lateralis (lateinisch: citellus , schnell, und lateralis, zur Seite gehörend, bezogen auf den Streifen entlang der Seite)

VERBREITUNGSGEBIET : Westen der Vereinigten Staaten und Kanada. Das von diesem Buch abgedeckte Gebiet liegt im Westen Colorados, vom Nordosten Utahs im Süden über Zentral-Utah bis Zentral-Arizona und von dort östlich bis in den Westen von New Mexico.

LEBENSRAUM : Höhere Berge dieser Gegend. Wird normalerweise in immergrünen Wäldern der Übergangs-,

Hudson- und Kanadischen Lebenszone gefunden. Es kommt
manchmal in der Nähe der oberen Grenzen der oberen Sonora-
Zone vor.

BESCHREIBUNG : Ein Streifenhörnchen-ähnliches Erdhörnchen,
dem die für Streifenhörnchen typischen Streifen an den Seiten des
Gesichts fehlen. Gesamtlänge 8½ bis 12½ Zoll. Schwanz 2½ bis
4½ Zoll. Bei dieser Art gibt es große Farbvariationen. Der Kopf
ist kupferfarben bis kastanienbraun, die Oberseite des Körpers
bräunlichgrau bis gelbbraun. Auf jeder Seite des Rückens befindet
sich ein heller bis weißer Streifen mit schwarzem Rand. Die
Unterseite des Schwanzes ist grau bis gelb. Schwanz kurz, aber
voll behaart. Die Unterseite des Körpers ist heller, grau bis
gelbbraun. Die Beine sind kurz, der Körper im Vergleich zu
Streifenhörnchen stämmig. Jung, vier bis acht Jahre alt, mit nur
einem Wurf pro Jahr.

Das Goldmantel-Ziesel wurde aus der ziemlich großen Gruppe
der Südwest-Zieselhörnchen ausgewählt, da es sich
typischerweise um eine in den Bergen lebende Art handelt. Daher
verfügt es nicht über die Vorteile einer langen Sommersaison wie
seine Tieflandverwandten. Dadurch ergeben sich jedes Jahr zwei
bestimmte Zeiträume . Eine davon ist die fieberhafte Aktivität im
Sommer, einer Zeit der Brut, der Aufzucht der Jungen, der
Lagerung von Nahrungsmitteln und der Fettansammlung für die
kommenden kalten Monate. Das andere im Winter ist genau das
Gegenteil – ein langer Winterschlaf, in dem die Eichhörnchen,
tief unter dem Schnee in einem gemütlichen Bau vergraben, den
Winter ausschlafen.

Obwohl sie durch die kurzen Sommer in höheren Lagen
behindert werden, schaffen es die Goldmantel-Ziesel mit einem
sehr einfachen Mittel, die Saison etwas zu verlängern. Ihr Instinkt
treibt sie dazu, ihre Höhlen in Südlage zu graben , oft unter einem
Baumstamm oder in einem Felssturz. Hier schmilzt der Schnee
zuerst weg und oft liegt bereits mehrere Wochen vor der Saison
ein kahles Fleckchen Erde vor dem Bau. Die Eichhörnchen
erwachen schwach und abgemagert aus ihrem langen Schlaf, und
ihre ersten Tage über der Erde verbringen sie damit, die warme
Sonne zu genießen und sozusagen aufzuwachen. Während dieser
Zeit ernähren sie sich von Vorräten, die sie im vergangenen
Sommer angelegt haben, und wenn der Schnee geschmolzen ist,
sind sie voll aktiv und zur Paarung bereit.

Goldmantel-Ziesel

Wie bei den Erdhörnchen tiefer gelegener Gebiete besteht die Sommernahrung größtenteils aus dem, was zuerst zu wachsen beginnt. Im Spätfrühling werden Gras, Knospen, junge Blätter und Blüten gefressen. Später werden die Samen der einjährigen Pflanzen gesammelt, Beeren werden, wann immer möglich, gepflückt und Insekten machen oft einen erheblichen Teil der Ernährung aus. Mit Beginn des Herbstes werden Eicheln, Pinienkerne und eine große Anzahl kleinerer Samen und Früchte verfügbar. Zu diesem Zeitpunkt müssen die Erdhörnchen nicht nur genügend Fett anlegen, um sich durch den Winterschlaf zu ernähren, sondern auch genügend Nahrung anlegen, um zwischen dem Zeitpunkt ihres Schlüpfens und dem Erscheinen neuer Triebe zu überleben. Offensichtlich ist dies eine Anpassung, die ihnen durch die außergewöhnlich lange Wintersaison aufgezwungen wird. Die meisten Nagetiere, die sich zur Vorbereitung auf den Winterschlaf auf Fettschichten legen, sind fast ausschließlich darauf angewiesen, dass sie den Winterschlaf überstehen. Bei einer Winterschlafzeit von 5 bis 7 Monaten ist es jedoch nicht schwer, sich vorzustellen, mit welchen Problemen dieses Erdhörnchen konfrontiert ist.

Obwohl das Goldmantel-Ziesel vom Aussehen her den Streifenhörnchen ähnelt, ist sein Temperament ganz anders.

Streifenhörnchen sind aufgeweckte, nervöse kleine Kobolde, die ihren Aktivitäten stets mit explosiver Energie nachgehen. Die Erdhörnchen bewegen sich ruhiger, als hätten sie jede Bewegung geplant und es gäbe keine Eile. Sie lieben es, an einem exponierten Ort in der Sonne zu liegen und dem Rest der Welt zuzusehen. Auch im Lebensraum unterscheiden sich die Arten erheblich. Streifenhörnchen wählen dichtes Unterholz, wo sie unbeobachtet ihren Geschäften nachgehen können. Erdhörnchen bevorzugen exponiertere Standorte, an denen sie ihr Glück im Freien versuchen, aber immer ein Auge nach oben gerichtet haben, um sich vor Angriffen von Falken oder Adlern zu schützen. Als Lebewesen der Erde scheuen sie sich immer davor, zu klettern. Selten steigen sie mehr als ein paar Fuß hoch, und auch dann nur, um eine besonders schmackhafte Delikatesse zu erreichen, die ihre scharfen Nasen in einem niedrigen Strauch oder kleinen Baum entdeckt haben.

Aufgrund seiner weiten Verbreitung ist dieses goldköpfige Mitglied der Familie der Erdhörnchen für Besucher der südwestlichen Berge kaum zu übersehen. Es ist leicht zu zähmen; Tatsächlich ist es zu leicht, denn wie das Streifenhörnchen kann es seine Beliebtheit schnell erschöpfen. In vielen Nationalparks und Denkmälern konkurrieren sie mit Streifenhörnchen um die Krümel rund um Campingplätze und Picknicktische. Besucher finden ihre listige Art unwiderstehlich und füttern sie trotz gegenteiliger Warnungen. Weil sie sich so leicht zähmen lassen, besteht immer die Gefahr, dass eine wohlmeinende Person versucht, sie aufzuheben. Dies kann zu unangenehmen Ergebnissen führen. Ihre langen, scharfen Schneidezähne können schwere Verletzungen verursachen.

Einer der faszinierendsten Orte, um sowohl Streifenhörnchen als auch Erdhörnchen zu beobachten, ist von den Fenstern des langen Tunnels aus, der nach Norden aus dem Zion-Nationalpark führt. Auf den Geröllhalden unter den Fenstern bewohnen viele dieser Nagetiere ihre Sommerquartiere und sind bei der Nahrungssuche auf die Großzügigkeit der Besucher angewiesen, die ihr Picknick auf den breiten Fenstersimsen verzehren. Ihre ständigen Bewegungen, während sie zwischen den Felsen umherlaufen und nach verirrten Krümeln suchen, führen zu vielen Zusammenstößen und oft auch zu einem wütenden Streit. Dies erweist sich als gefährliches Spiel, da sich durch ihre Bewegungen manchmal Steine lösen und den steilen Abhang hinunterrollen. Ich erinnere mich, dass ich 1946 gesehen habe, wie ein Erdhörnchen von einem dieser Miniatur-Steinschläge zerquetscht wurde.

Weißwedel-Präriehund
Cynomys gunnisoni (Griechisch: kun , ein Hund und mys , Maus ... für Kapitän Gunnison, dessen Expedition diesen Typus annahm)

Weißwedel-Präriehund

VERBREITUNGSGEBIET : West-Colorado und Ost-Utah bis Zentral-Arizona und New Mexico.

LEBENSRAUM : Graswiesen und Bergparks hauptsächlich in der Transition Life Zone, obwohl sie häufig sowohl oberhalb als auch unterhalb dieses Gebiets zu finden sind.

BESCHREIBUNG: Ein am Boden lebendes Nagetier, das ein wenig einem Erdhörnchen ähnelt, aber um ein Vielfaches größer ist als die größte Art dieser Gattung. Gesamtlänge 12½ bis 15 Zoll. Schwanz 2¼ bis 2½ Zoll. Gewicht 1½ bis 2½ Pfund. Die Farbe ist intensiv bis zimtfarben, der kurze, vollhaarige Schwanz hat eine weiße Spitze. Die Gesichtsseiten sind dunkler mit einem dunklen Bereich über den Augen. Beine, Füße und Unterseite sind blass zimtbraun. Junge, normalerweise fünf an der Zahl, geboren im Frühsommer.

Cynomys gunnisoni ist die repräsentative Art der westlichen Gruppe der Präriehunde. Die beiden verbleibenden Vertreter der Gruppe, *Cynomys leucurus* und *Cynomys parvidens*, beide Weißschwanzarten, sind sehr ähnlich und werden möglicherweise in Zukunft mit *Cynomys gunnisoni klassifiziert*. *Cynomys leucurus* kommt im Nordwesten Colorados und im Nordosten Utahs vor, während *Cynomys parvidens* in Gebirgstälern in Zentral-Utah beheimatet ist.

Der gebräuchliche Name „Weißwedel-Präriehund" wird üblicherweise für *Cynomys gunnisoni verwendet*, den am weitesten verbreiteten Vertreter dieser Rasse. Das Verbreitungsgebiet dieser Art grenzt an das des Schwarzschwanz-Präriehundes, der weiter östlich und in tieferen Höhen lebt, überschneidet sich jedoch selten. Klimatische und geografische Barrieren, die diese beiden Rassen trennen, sind größtenteils für die ausgeprägten Unterschiede in ihren Gewohnheiten verantwortlich. Präriehunde sind gesellige Tiere, vielleicht mehr als alle anderen Nagetiere. Früher bewohnte die Schwarzschwanzart unzählige tausend Hektar in der Great Plains-Region. Eine einzelne Kolonie kann ein Gebiet mit einem Durchmesser von mehreren Kilometern einnehmen und mehrere tausend Tiere zählen. Auf diesem relativ flachen Land war jeder Standort gleichermaßen vorteilhaft und das Gras und die Gräser waren ideal für die Nutzung durch den Präriehund geeignet. Eine periodische Überschwemmung ihrer Höhlen auf diesen ebenen Prärien wurde durch den Bau konischer Hügel mit einem Erdrand um den Eingang herum vermieden. Diese geniale Praxis, so einfach sie auch erscheinen mag, stellt einen großen Schritt in der Anpassung dieser Tiere an ihre Umwelt dar.

Weißwedel-Präriehunde hingegen sind auf die engen Täler und selten offenen Wiesen der Berge beschränkt. Hier gibt es weder Platz noch Nahrung, um die riesigen Kolonien des Schwarzschwanzschwanzes zu erhalten. Unter diesen Bedingungen schwankt die Zahl der Personen in einer Stadt zwischen einigen wenigen und 200, selten mehr. Wenn die Stadt überfüllt ist, könnten viele Einwohner an einen günstigeren Ort abwandern. Dies erfordert manchmal eine Reise von mehreren Kilometern, ein gefährliches Unterfangen für ein kleines Tier, das großen Raubtieren nur in einem unterirdischen Bau entkommen kann.

Das Futter dieses Bergpräriehundes ist vielfältig. Die Standardnahrung aus Gras und Wurzeln wird durch Gras, Rinde und Knollen ergänzt. Mariposa-Zwiebeln werden dort entnommen, wo sie verfügbar sind. An grobblättrigen einjährigen Pflanzen wie Sonnenblumen kommt man nicht vorbei. Zusätzlich zu dieser pflanzlichen Ernährung werden nach Möglichkeit Würmer, Käfer und Larven sowie ausgewachsene Formen der meisten Insekten gefressen.

Höhlen von Weißwedel-Präriehunden sind zwar komfortabel, werden aber nicht mit der sorgfältigen Sorgfalt angelegt, die bei Tieflandhunden üblich ist. Es ist kein konischer Hügel oder bebauter Rand erforderlich, da es auf dem abschüssigen Gelände der Berge praktisch keine Entwässerungsprobleme gibt. Selbstverständlich werden die Höhlen nicht in der Strömungsrichtung des Hochwassers ausgehoben, sondern auf höher gelegenem Gelände. Das aus dem Untertagebau geförderte Erdreich wird seitlich oder vor dem Eingang aufgeschüttet. Der so entstandene Hügel dient als Ort zum Sonnenbaden oder, was noch wichtiger ist, als Aussichtspunkt, von dem aus man alles beobachten kann, was vor sich geht. Da diese kleinen Kolonien nicht über einen zahlenmäßigen Vorteil verfügen, muss jedes Individuum besonders auf die drohende Gefahr achten. Höhlen haben oft mehr als einen Eingang, jeder mit seinem gut bestückten Wachposten, der Untergrundplan ist einfach. Es besteht aus einem mehr oder weniger vertikalen Schacht, von dem aus ein oder mehrere Tunnel horizontal verlaufen. Es wird allgemein angenommen, dass der Präriehund tief genug gräbt, um auf Wasser zu stoßen. Das ist nicht so; Viele Höhlen gehen nicht tiefer als 6 Fuß. Auf jeden Fall dringen sie gerade so weit ein, dass sowohl im Sommer als auch im Winter eine angenehme Durchschnittstemperatur gewährleistet ist. Der Wasserbedarf von Präriehunden wird weitgehend durch die saftige Beschaffenheit ihres Futters gedeckt. Es wird auch angenommen, dass in den Spätsommermonaten, wenn die Nahrung zu einem gewissen Teil aus Samen besteht, ein chemischer Prozess im System einen Teil der Stärke in Wasser umwandelt.

Das Nest befindet sich normalerweise in einem unterirdischen Raum, der am Ende eines Tunnels gegraben wurde, seltener irgendwo entlang des Tunnels. Es ist eine sperrige Struktur, die aus zerkleinerter Rinde oder grobem Gras besteht und mit den weichsten Fasern ausgekleidet ist, die es gibt. Heutzutage haben Präriehunde nichts gegen Papier, Lumpen und Wolle.

Das Leben des Präriehundes ist einfach. Zu Beginn des Frühlings erwacht es aus dem Winterschlaf, etwas benommen, aber immer noch gut mit Fett gepolstert . Diese Nahrung versorgt ihn, bis die ersten grünen Grastriebe erscheinen. Von da an gibt es immer mehr Nahrung , die nur durch die Entfernung begrenzt ist, die diese gleichgültigen Läufer aus ihren Höhlen heraus wagen. Der Sommer ist die Zeit des Essens, des Dösens auf den Hügeln in der warmen Sonne und der Unterhaltung mit den Nachbarn unter dem für diese Gruppe typischen schrillen Bellen. Es ist auch eine Zeit der ständigen Wachsamkeit gegenüber Raubtieren, des Staubbadens, um Milben und Flöhe loszuwerden, und der Aufzucht der Jungen. Die vier bis sechs Jungen werden im Spätfrühling geboren und erscheinen zum ersten Mal am Baueingang, wenn sie etwa die Größe eines durchschnittlichen erwachsenen Erdhörnchens haben. Innerhalb weniger Tage sind sie auf eigene Nahrungssuche gegangen und etwa drei Wochen später sind sie in der Lage, ihren eigenen Weg zu gehen. Zu dieser Zeit verlässt die Mutter sie häufig und baut sich einen neuen Bau, während ihr Nachwuchs das alte Gehöft so gut wie möglich aufteilen kann. Wenn der Herbst naht, wird eine dicke Fettschicht angelegt, und Mitte Oktober haben sich die meisten Einwohner der Stadt für den langen Winterschlaf zurückgezogen.

Gelbbauchmurmeltier (Waldmurmeltier)
Marmota flaviventris (Marmota, niederländischer Name der europäischen Waldmurmeltierart. Lateinisch: flavus, gelb, und venter, Bauch)

VERBREITUNGSGEBIET : Nordwesten der Vereinigten Staaten. Verbreitet im nördlichen bis südlichen Zentral-Utah, im nördlichen und südöstlichen Colorado und im äußersten Norden von Zentral-New Mexico.

LEBENSRAUM : Kanadische, hudsonianische und alpine Lebenszonen in Felsrutschen, felsigen Hängen, unter Felshaufen und in der Nähe von Felsvorsprüngen in Bergwiesen. Unterhalb der kanadischen Zone selten zu finden, kommt aber häufig in der Alpenzone bis zu den Gipfeln der Berge vor.

BESCHREIBUNG : Ein großes, dunkelbraunes Murmeltier mit einem vergleichsweise langen, buschigen Schwanz. Gesamtlänge 19 bis 28 Zoll. Schwanz 4½ bis 9 Zoll. Körperfarbe, oben gelbbraun bis dunkelbraun; Unterteile gelb. Das Körperfell hat ein ergrautes Aussehen. Die Halsseiten sind braun und die Gesichtsseiten sind dunkelbraun bis schwarz. Hellbraun bis weiß zwischen den Augen. Die Füße sind gelbbraun bis dunkelbraun. Schwanz oben dunkelbraun, unten heller. Jung, fünf bis acht, im Frühsommer geboren.

Dieses große westliche Murmeltier ist weder in seiner Beziehung noch in seinen Gewohnheiten allzu weit von den Zieselhörnchen entfernt. Es ist das größte bodenlebende Nagetier des Südwestens. Wie oben erwähnt, leben Murmeltiere in einem enormen Höhenbereich, der von oberhalb der Waldgrenze bis hinunter in die Übergangslebenszone reicht. Diese Verbreitung von arktischen bis fast wüstenähnlichen Bedingungen ist für viele Variationen in ihren Gewohnheiten verantwortlich. Am wichtigsten ist die Praxis der Schätzung durch diejenigen Personen, die in tieferen Lagen leben. Dieser Sommerschlaf dient als Abwehr gegen die Dürreperiode zwischen den Regenzeiten. Es beginnt normalerweise Anfang Juni und endet etwa in der zweiten Julihälfte. In den höheren Lebenszonen mangelt es den ganzen Sommer über nicht an grüner Nahrung, daher bleiben Murmeltiere dort aktiv.

Aufgrund seiner Größe und der Fähigkeit, seine scharfen Zähne und Krallen gut zu nutzen, ist das Leben des Murmeltiers nicht so eingeschränkt wie das vieler kleinerer bodenlebender Nagetiere. Gewiss, es hat Feinde. Bären, Berglöwen, Wölfe, Luchse, Vielfraße und Adler sind alle auf der Hut vor einem möglichen Fang. Dennoch ist er so gut auf der Hut und hat so viele Höhlen, dass es nahezu unmöglich ist, einen über der Erde zu fangen. Sollte das Murmeltier außerhalb eines Baus überrascht werden, gewinnt es durch seine kühne Verteidigung oft genug Zeit, um sich einen sicheren Ort zu erkämpfen. Wenn er in die Enge getrieben wird, reicht allein sein Aussehen aus, um den durchschnittlichen Raubtier zum Nachdenken zu bewegen. Mit zu Berge stehendem Haar und langen Krallen im Anschlag klappert das Murmeltier mit seinen scharfen Zähnen und faucht den Feind laut an. Diese Pose ist nicht nur Bluff. Diese großen Nagetiere sind mutige und fähige Gegner gegen jedes Tier, das ein Vielfaches ihrer Größe erreichen kann. Was den Menschen betrifft, sind sie schüchtern und verschwiegen. Bei vielen Gelegenheiten werden ihre lauten, vollen Pfiffe zu hören sein, aber der Pfeifer ist nirgends zu sehen. Wenn sie jedoch in die Enge getrieben werden, werden sie die gleiche mutige Verteidigung zeigen, die sie auch anderen Feinden entgegenbringen, und sie sind sicherlich keine Tiere, mit denen man leichtfertig umgehen kann.

Höhlen befinden sich normalerweise an offenen Stellen, von denen aus man eine gute Aussicht auf die Umgebung hat. Außerdem befinden sie sich fast immer in Felsspalten , unter Felsbrocken oder in grobem Felsboden. Dies verringert die Wahrscheinlichkeit, dass sie von einem großen Raubtier ausgegraben werden. Jedes Murmeltier hat normalerweise mehrere Höhlen, von denen einige als „Flucht" und einer als dauerhaftes Zuhause dienen. Ausgetretene Pfade führen von einem zum anderen, denn es handelt sich um aktive Tiere, die innerhalb der Grenzen ihres Reviers ausgedehnte Reisen unternehmen. Fluchthöhlen können je nach den Umständen tief oder flach sein, aber die Heimathöhle ist im Allgemeinen ein Labyrinth aus langen Gängen, die in einer Nistkammer mit einem Durchmesser von bis zu 2 Fuß enden. Mehrere Nebenstollen sind in der Regel für sanitäre Zwecke reserviert. Keiner wird zur Lagerung von Lebensmitteln verwendet; Aufzeichnungen deuten darauf hin, dass diese Kreatur keine Vorräte für eine spätere Verwendung anlegt . Das Nest ist das übliche sperrige Gebilde, besteht aus groben Materialien und ist mit den weichsten Gräsern und Fasern ausgekleidet, die es gibt.

Charakteristisch für die Murmeltiere ist das späte Schlafengehen und das frühe Aufstehen. Obwohl sie zu den tagaktiven Tieren zählen, sind sie in der Dämmerung dennoch viel unterwegs. Während der Brutzeit unternehmen sie möglicherweise sogar nachts eine längere Reise, um einen Partner zu finden. Der Sonnenaufgang signalisiert den Beginn des Murmeltiertages. Die schräg einfallenden Strahlen haben den Felsbrocken über seinem Bau gerade erst berührt, bevor der Insasse hinaufklettern wird, um ihre Wärme zu nutzen. Es kann eine Stunde oder länger an seinem Aussichtspunkt bleiben. Es gibt viele Dinge, die ein Murmeltier beim morgendlichen Sonnenbad erledigen kann. Eine gemächliche Toilette, gepfiffene Kommentare an die Nachbarn, eine lange Untersuchung des Geländes auf mögliche Gefahren – all das sind Dinge, die gründliche Aufmerksamkeit erfordern.

Gelbbauchmurmeltier

Sollte dieser Vorgang durch einen umherstreifenden Feind unterbrochen werden, ist die Spannung groß. Wenn sich der Eindringling noch in einiger Entfernung befindet, stellt sich das Murmeltier oft auf die Hinterbeine, ähnlich wie eine Holzlatte.

Jeder explosive Pfiff wird von mehreren Schwanzbewegungen begleitet. Wenn es an der Zeit ist, sich zurückzuziehen, stürmt es in seinen Bau und gibt dabei ein scharfes Gezwitscher von sich. Sobald er sich im Bau befindet, kann er einen weiteren Blick nach draußen werfen, und wenn der Anrufer bedrohlich genug aussieht, wird der Eingang zum Bau von innen mit Erde verstopft, und das Zwitschern wird schwächer, wenn die Barrikade in Position gebracht wird. Das Auftauchen aus dem Bau nach einem solchen Schrecken wird in gewissem Maße von der Jahreszeit bestimmt. Wenn es Herbst ist und das Murmeltier kurz vor dem Winterschlaf steht, kann es sein, dass es in seinem gemütlichen Nest schläft und erst am nächsten Tag wieder zum Vorschein kommt. Selbst im Frühling und Sommer bleibt es längere Zeit unter der Erde, bevor es sich wieder nach draußen wagt.

Das Murmeltier ist von Natur aus ein stämmiges Tier. Mit seinen kurzen Beinen und seinem kräftigen Körper kann er während des Winterschlafs überraschend viel Fett ablegen. Die Dauer dieses Winterschlafs hängt von der Höhenlage ab, in der das Tier lebt. Auf den höheren Berggipfeln beginnt es etwa am 1. Oktober. In tieferen Lagen kann es deutlich später sein. Ältere Menschen gehen normalerweise zuerst in den Winterschlaf, vermutlich weil sie schneller als jüngere Menschen das nötige Fett anlegen können. In der Regel ziehen sie sich stufenweise zurück und verschwinden jeweils für mehrere Tage; Ihre Bewegungen sind lethargisch und sie tun so, als ob sie bereits im Halbschlaf wären. Die Jungen des Jahres haben den größten Teil des Sommers damit verbracht, erwachsen zu werden, und es ist eher ein harter Wettlauf mit der Zeit, um festzustellen, ob sie in der Lage sein werden, genug Fett anzulegen, um mit einem Reservevorrat durch den langen Winter zu kommen, oder ob sie das kalte Wetter, das sie erwartet, überleben können. Vor allem in den höheren Lagen ziehen sie sich erst zurück, wenn das kalte Wetter sie dazu zwingt.

Der Winterschlaf ist bei diesen großen Nagetieren genauso tiefgreifend wie bei vielen Erdhörnchen. Sie rollen sich in ihren kuscheligen Nestern zu pelzigen Kugeln zusammen, die Nase ist mit flauschigen Schwänzen bedeckt, und sie versinken in einen tiefen Schlaf, der einer schwebenden Lebhaftigkeit nahekommt. Die Körperfunktionen verlangsamen sich auf einen Bruchteil der normalen Geschwindigkeit und das System greift auf seine Fettreserven zurück, um zu überleben. Der Verbrauch dieser Nahrung erfolgt langsam, was zwangsläufig der Fall sein muss, da diese einzige Nahrungsquelle für einen Zeitraum von vielleicht fünf Monaten ausreichen muss.

Das Entstehungsdatum variiert. Obwohl der 2. Februar in unserem Kalender als Tag des Murmeltiers gilt , wäre es auf den Gipfeln unserer südwestlichen Berge tatsächlich kühl. Dennoch tauchen die Murmeltiere auf, bevor der Schnee vollständig verschwunden ist, und sobald ihr Schlaf beendet ist , nehmen sie ihn selten wieder auf, egal, ob sie ihre Schatten sehen oder nicht.

Die Fortpflanzung erfolgt kurz nach dem Auflaufen. Die Jungen werden im April oder Mai geboren. Sie werden blind geboren; Die Augen öffnen sich erst etwa einen Monat nach der Geburt. Die Jungen entwickeln sich schnell, und wenn sie halb erwachsen sind, gehören tägliches Sonnenbaden und spielerische Auseinandersetzungen vor dem Eingang der Höhle zu ihrer Routine. Im September sind sie ausgewachsen, und zu diesem Zeitpunkt machen sie sich normalerweise selbständig, obwohl auch Fälle bekannt sind, in denen die Familie während des ersten Winterschlafs zusammenblieb.

Murmeltiere waren schon immer die Favoriten dieses Autors. Ihr klarer Pfiff ist ebenso ein Symbol für die schroffen Gipfel und die schönen tannenumsäumten Bergwiesen wie das Bellen des Kojoten für die Wüste. Mehrere Autoren bezeichnen Murmeltiere als „dumm". Das ist sicherlich eine unglückliche Wortwahl. Nach welchen Maßstäben dumm? Kann eine Art mit einer anderen verglichen werden, wenn alle unter den unterschiedlichen Bedingungen leben müssen, an die sie sich angepasst haben? Die bloße Tatsache, dass ein Gleichgewicht in der Natur erreicht wurde, weist darauf hin, dass jede Art über die Anpassungen, Gewohnheiten und den Grad an Intelligenz verfügt, die erforderlich sind, damit diese Art im Einklang mit dem Ganzen leben kann.

Deermouse (Weißfußmaus)
Die Gattung *Peromyscus* (Griechisch: pera , Beutel, und muscus , Verkleinerungsform von mys , Maus)

Hirschmaus

VERBREITUNGSGEBIET : Alle Lebenszonen in ganz Nordamerika.

LEBENSRAUM : Einige Hirschmausarten kommen in nahezu jeder erdenklichen Gesellschaft vor.

BESCHREIBUNG : Eine Maus mit großen Ohren und weißen Füßen. Da es in dieser Gattung viele Arten gibt und die meisten von ihnen recht ähnlich sind, werden die Merkmale angegeben, die den meisten Arten gemeinsam sind. Bedenken Sie, dass dies möglicherweise nicht für alle Arten der Gattung gilt.

Hirschmäuse sind mit einer durchschnittlichen Länge von 7 bis 8 Zoll eher klein. Schwanz 3 bis 4 Zoll. Die meisten Arten sind oben gelbbraun, an den Seiten hellbraun bis hellbraun und unten hellbraun bis weiß. Die Füße sind immer weiß. Die Ohren sind für eine Maus groß, meist spärlich mit kurzen, feinen Haaren bedeckt, bei manchen Arten jedoch fast nackt. Die Augen erscheinen schwarz, haben aber bei genauer Betrachtung und gutem Licht einen bräunlichen Farbton. Schwanz lang, bis zur Länge von Kopf und Körper, in der Regel spärlich behaart; bei einigen Arten zweifarbig. Jungtiere, vier bis sechs, fast das ganze Jahr über geboren, mit mehreren Würfen, außer in höheren Lagen, wo möglicherweise nur ein Wurf geboren wird, und zwar im späten Frühling.

Im Südwesten ziehen das milde Klima und das reichhaltige Nahrungsangebot der unteren Lebenszonen eine große Anzahl kleiner Nagetiere an. Die weitaus größere Artenzahl kommt in der oberen und unteren Sonora-Zone vor. Das bedeutet nicht, dass Mäuse im Hochgebirge selten sind. Sie leben dort in großer Zahl, aber in geringerer Artenzahl. Eine davon ist die Langschwanz-Hirschmaus (*Peromyscus maniculatus*), wahrscheinlich das herausragendste Mitglied der Gattung und die am weitesten verbreitete Maus in den Vereinigten Staaten. Wie zu erwarten ist, ist das Aussehen sehr unterschiedlich und weist mindestens drei verschiedene Farbphasen auf. Diese variieren von goldbraun bis dunkelgrau. Alle Phasen haben einen schärferen zweifarbigen Schwanz, der an der Unterseite weiß und an der Oberseite wie der Rest des Oberkörpers ist.

Wer das Glück hat, eine Sommerhütte in den Bergen zu besitzen, kennt die Hirschmaus . Das ist das kleine Nagetier, das in die Hütte einzieht, sobald der Urlauber abreist. Glücklicherweise ist sie nicht so zerstörerisch wie die gewöhnliche Hausmaus (die übrigens eine eingeführte Art ist) und beschränkt ihre Zerstörungskraft größtenteils auf den Bau eines großen und komfortablen Nestes, in dem sie während der Wintermonate leben kann. Hirschmäuse halten keinen Winterschlaf und müssen sich daher auf die bittere Kälte vorbereiten. Es ist jedoch auch nicht ihre Gewohnheit, Lebensmittel aufzubewahren, und zweifellos verhungern viele von ihnen während eines harten Winters.

Bergmaus
Microtus montanus (lateinisch: kleine Ähre ... der Berge)

Bergmaus

VERBREITUNGSGEBIET : Die Bergregionen im Nordwesten der Vereinigten Staaten, die sich ostwärts bis Zentral-Colorado und südwärts unterhalb der nördlichen Grenzen von Arizona und New Mexico erstrecken.

LEBENSRAUM : Täler und Graswiesen, selten tiefer als die Übergangszone.

BESCHREIBUNG : Ein kleines, kräftiges Nagetier mit kurzem Schwanz und einer Gesamtlänge von 5½ bis 7½ Zoll. Schwanz 1½ bis 2½ Zoll. Für ein Nagetier dieser Größe ist dies ein sehr kurzer Schwanz, der nur etwa ein Viertel der Gesamtlänge ausmacht. Farbe: oben graubraun bis schwarz; Unterseite heller bis silbergrau. Dies ist nur eine von vielen Arten, die in den südwestlichen Bergen vorkommen. Die Mexikanische Wühlmaus und die Eisenmaus sind zwei, die ihr Verbreitungsgebiet teilen. Sie sehen ziemlich ähnlich aus und auch ihre Lebensgeschichten sind weitgehend gleich.

In vielerlei Hinsicht ähnelt dieses stämmige Nagetier dem Taschenratten. Die kleinen Ohren und Augen sowie der kurze Schwanz erinnern alle an dieses Tier. Wie viele andere Nagetiere sind Wühlmäuse sehr produktiv. In einem Wurf werden vier bis acht Junge geboren. Die Anzahl der Würfe pro Jahr hängt stark von der Höhenlage ab. Sie wurden in der kanadischen Zone registriert, wo die Sommer zu kurz sind, um die Aufzucht von mehr als einem Wurf zu ermöglichen. In der Übergangs-Lebenszone bringen sie jedes Jahr normalerweise zwei Würfe und manchmal mehr zur Welt.

Dies sind die kleinen Nagetiere, die die meisten Menschen „Feld-" oder „Wiesen"-Mäuse nennen. In den Präriestaaten ist diese Gattung für ihre Angewohnheit bekannt, sich unter Beeten mit kleinen Körnern und Mais zu versammeln. Hier bauen sie ihre Nester und leben vorübergehend in Frieden und Fülle. Wenn die Schocks vom Feld genommen werden, werden sie unsanft aus ihren gemütlichen Unterkünften vertrieben, um dem Hund des Bauern zum Opfer zu fallen oder sich der Aussicht zu stellen, ein neues Zuhause zu bauen, bevor der Winter über sie hereinbricht. Auch im Westen lebt die „Feldmaus" in landwirtschaftlich genutzten Gebieten, heimisch ist sie jedoch in den Naturwiesen in Gebirgstälern. Hier bauen sie Tunnel im Gewirr des Grases und graben flache Höhlen in die weiche Erde. Besonders gefallen ihnen sumpfige Standorte, da sie sich im Wasser sehr wohl fühlen. Außerdem bietet die dichte Bedeckung dieser Gebiete ihnen erheblichen Schutz vor ihren vielen Feinden. Eine normalerweise hohe Reproduktionsrate (mehrere Würfe pro Jahr mit bis zu acht Jungen in jedem Wurf) gepaart mit einer verschwiegenen Lebensweise sichert ihren Fortbestand. In Fällen, in denen das natürliche Gleichgewicht gestört ist, kann ihre Population

fantastische Höhen erreichen. In einem Agrarbezirk in Nevada
ergab eine Untersuchung schätzungsweise 8.000 bis 12.000
„Feldmäuse" pro Hektar.

Wühlmäuse halten keinen Winterschlaf. Sie sind Tag und Nacht,
Sommer und Winter aktiv. Während Winterstürmen können sie
einige Tage lang in ihren gemütlichen Nestern bleiben, aber wenn
das Wetter wieder klar ist, werden bald Öffnungen zu ihren
Tunneln im frisch gefallenen Schnee sichtbar.

<h3 style="text-align:center">Western-Springmaus
Zapus Princeps (Griechisch: za, intensiv und Pous ,
Fuß. Lateinisch: Princeps, Häuptling)</h3>

VERBREITUNGSGEBIET : Westliche USA von Zentral-Arizona
und New Mexico bis Alaska.

LEBENSRAUM : Hohe Berge an trockenen Orten mit reichlich
geringer Bodenbedeckung.

BESCHREIBUNG : Ein kleines Nagetier mit zweifarbiger Farbe,
das wie eine Känguru-Ratte durch das Gras springt. Gesamtlänge
8 bis 10 Zoll. Schwanz 4½ bis 6 Zoll. Die Farbe ist an den Seiten
gelbbraun, am Rücken fast schwarz und an der Unterseite und an
den Füßen weiß. Der Schwanz ist zweifarbig, oben dunkel und
unten hellgrau. Ohren relativ lang, dunkel gefärbt mit hellbraunen
Randlinien. Die Augen sind rund, das Gesicht ist lang und hat
eine spitze Nase. Die Vorderbeine sind kurz, die Hinterbeine und

Füße jedoch groß und muskulös. Junge, vier bis sechs in einem Wurf, in den höheren Lagen höchstens ein Wurf pro Jahr.

Die springenden Mäuse gehören zu den am meisten spezialisierten kleinen Nagetieren in den Vereinigten Staaten. Die Gattung ist typisch nordamerikanisch, nur eine Art kommt außerhalb dieses Kontinents vor. Irgendwann in der fernen Vergangenheit hat sich dieses kleine Geschöpf an eine Flugweise angepasst, die der des Kängurus und der Springmaus ähnelt. In dieser Hinsicht übertrifft sie die Känguru-Ratten und Taschenmäuse der Vereinigten Staaten, mit denen sie entfernt verwandt ist. Sein allgemeiner Körperbau ähnelt deutlich dem des Kängurus, mit den gleichen fein geformten Vorderhand und schwereren Hinterhand. Der Schwanz ist zwar nicht keulenförmig wie der des Kängurus, aber lang genug, um denselben Zweck zu erfüllen – nämlich als Ruder zur Lenkung der Flugrichtung. Die Hinterbeine sind muskulös genug, um den Körper bei proportional längeren Sprüngen voranzutreiben als selbst beim Känguru. Hier hört die Ähnlichkeit jedoch auf, denn die springende Maus ist nicht einmal entfernt mit diesem Beuteltier verwandt. Die einzigen Taschen der springenden Mäuse sind interne Backentaschen, die ausschließlich dem Transport von Nahrungsmitteln dienen.

Springmäuse haben noch eine weitere Besonderheit, die sie von den meisten anderen nordamerikanischen Mäusen unterscheidet; sie halten Winterschlaf. Der Winterschlaf ist in den Höhenlagen, in denen diese Mäuse leben, nicht kurz. Es kann bis zu 6 Monate dauern. Die Vorbereitung auf diese lange Zeit der Inaktivität besteht hauptsächlich darin, Grassamen zu sammeln und zu essen, bis sich eine dicke Fettschicht unter der Haut gebildet hat. Mit der ersten Kälte ziehen sich die springenden Mäuse in zuvor vorbereitete unterirdische Höhlen zurück und verschlafen dort den Winter.

Da sie fast ausschließlich Samenfresser sind, kann es für sie schwierig sein, im Frühjahr aufzutauchen. Anscheinend ist für diesen Zeitraum kein Futtervorrat vorhanden, sodass die unglücklichen Nagetiere nach dem suchen müssen, was zu finden ist, bis die Gräser wieder aufbrechen. Die Methode zur Ernte von Grassamen ist einzigartig und wenn man sie einmal gesehen hat, ist es nicht leicht, sie zu verwechseln. Da sie in einem Dschungel aus hohem Gras leben , sind sie nicht in der Lage, die Köpfe zu erreichen oder die schlanken Stängel zu erklimmen. Stattdessen schneiden sie den Stiel so hoch wie möglich ab, ziehen den oberen

Teil auf den Boden und schneiden ihn erneut ab. Dies geht so lange, bis der Kopf in Reichweite gebracht wird. Kleine Haufen von Grashalmen, alle auf eine durchschnittliche Länge geschnitten, weisen darauf hin, dass es sich um die Art handelt, die am Werk war.

Springende Mäuse sieht man selten, außer im Flug. Dann machen es ihre Jack-in-the-Box-Taktiken fast unmöglich, herauszufinden, wie sie wirklich sind. Es sind scheue, harmlose kleine Geschöpfe, die, wenn sie gefangen werden, selten einen Biss anbieten.

Buschschwanz-Waldratte
Neotoma cinerea (Griechisch: neos , neu und temnien , schneiden ... Latein: cinereus, aschig)

VERBREITUNG : Gebirgsgebiete im Westen Nordamerikas von Alaska im Süden bis Zentralkalifornien, Nordarizona und New Mexico.

LEBENSRAUM : Kommt normalerweise in Verbindung mit den Kiefern der Übergangs- und Kanadischen Lebenszone vor; Felsspalten und Felsrutschen sind beliebte Nistplätze.

BESCHREIBUNG : Diese Waldratte erkennt man sofort an ihrem buschigen, eichhörnchenähnlichen Schwanz. Die verschiedenen anderen Arten im gleichen Verbreitungsgebiet haben den üblichen spärlichen Schwanzwuchs, der so dünn ist, dass er fast nicht auffällt. Diese Art ist für einen Waldratten groß; Die Gesamtlänge reicht von 12½ bis 18 Zoll. Schwanz 5½ bis 8 Zoll.

Das weiche, dichte Fell weist eine große Farbvariation auf, wie man es angesichts des großen Verbreitungsgebiets dieser Art mit ihren vielen Unterarten erwarten kann. Im Allgemeinen variiert es von Asche bis Zimt auf der Oberseite und reinweiß auf der Unterseite. Obwohl der Kopf die gleiche allgemeine Form hat wie der anderer Waldbewohner, wird sein Aussehen durch lange, seidige Schnurrhaare von bis zu 10 cm Länge und extrem große Ohren etwas verändert. Typisch für die Gattung sind jedoch die dunklen, wulstigen Augen. Die Jungen im Alter von zwei bis sechs Jahren werden im Frühsommer geboren. Dieser Durchschnitt von vier oder möglicherweise weniger erscheint, wenn man die Brutgewohnheiten aller Unterarten berücksichtigt, im Vergleich zu anderen kleinen Nagetieren niedrig. Die angegebene niedrige Sterblichkeitsrate ist wahrscheinlich nicht nur auf die Geheimhaltungsgewohnheiten dieser Art zurückzuführen, sondern auch auf ein hohes Maß an einheimischer Intelligenz.

Buschschwanz-Waldratte

Für dieses interessante kleine Tier gibt es viele Namen. „Bergratte", „Packratte", „Handelsratte" und Waldratte sind einige der häufigsten. Einige beruhen auf der Annahme, dass das Tier, wenn es einen Artikel nimmt, der ihm gefällt, diesen immer durch etwas ersetzt, von dem es annimmt, dass es von gleichem

Wert ist. Die Beobachtung der Gewohnheiten der Kreatur wird darauf hinweisen, dass diese „Handel" rein zufällig sind. Diese Tiere tragen ständig kleine Gegenstände mit sich herum und lassen oft einen zugunsten eines anderen fallen, was ihnen besser gefällt. Tatsache ist, dass die attraktivsten Gegenstände normalerweise in die Nähe des Nests getragen werden, und daher ist der wissenschaftliche Name einer der Unterarten vielleicht einer der passendsten für diesen fleißigen Sammler. Dieser untergeordnete Titel ist *orolestes* , was aus dem Griechischen übersetzt *oros* , Berg, und *lestes* , Räuber, bedeutet.

Die Vorliebe, fremdes Eigentum wegzunehmen, führt zu vielen komischen und tragischen Vorfällen. Die Ratten sind überhaupt nicht abgeneigt, die Hütte eines Goldsuchers zu teilen, und richten in den Stunden, in denen der rechtmäßige Besitzer nicht auf der Arbeit ist, Chaos mit seinen Besitztümern an. In langen Winternächten sind sie nicht weniger fleißig und die geheimnisvollen Geräusche ihrer Aktivitäten halten selbst einen Tiefschläfer stundenlang wach. Letztendlich wird dies so ärgerlich, dass drastische Maßnahmen erforderlich sind. Ein alter Goldsucher erzählte mir von einem Waldratten, der ihn schon seit langem belästigt. Fallen erwiesen sich als wirkungslos und schließlich legte er eines Nachts seine 45 zusammen mit einer Kerze und Streichhölzern auf eine Kiste neben seinem Bett. In der Nacht wurde er wieder geweckt und setzte sich ruhig auf und zündete die Kerze an. Dort auf einem seiner Schrankregale befand sich die undeutliche Gestalt der Ratte. Er zielte sorgfältig im flackernden Kerzenlicht, drückte den Abzug und traf das Tier „tot mittig". Die schwere Kugel hat es buchstäblich in die Luft gesprengt. Leider stand es direkt vor einer 5-Pfund-Dose Kaffee. Man kann davon ausgehen, dass er danach ohne Waldratte oder Kaffee tief und fest schlief.

Meine eigenen Erfahrungen mit dieser Art waren nicht weniger ärgerlich. Als ich noch ein Jugendlicher war, wurden mein Bruder und ich eines Winters in einer alten Schlafhütte untergebracht. Wir entschieden uns für den kleineren der beiden Räume, da es dort leichter warm zu halten war, und zogen nach einer gründlichen Reinigung ein. Da wir keine Neulinge waren, befestigten wir unsere Uhren an einem in die Wand getriebenen Nagel und hängten unsere anderen Wertsachen an einem quer gespannten Draht auf das Zimmer. Am Morgen fehlten unsere Socken! Danach verlief die Sache eine Woche lang ereignislos. Sobald das Licht aus war, kam der Waldrat durch ein Loch in der

Ecke des Zimmers nach oben. Die ganze Nacht über streifte es durch die Verbindungstür ins Nebenzimmer und schleppte jede Menge Watte von einer alten Matratze auf dem unbenutzten Bett weg.

Am Wochenende kam der Scheunentanz am Samstag, etwa 3 Meilen den Canyon hinauf. Frische Hemden und Hosen wurden angezogen, Mäntel und Westen von den Stuhllehnen genommen, an denen sie sorgfältig aufgehängt worden waren. Erblicken! Ein Westenvorderteil wurde komplett herausgekaut und weggetragen, vermutlich für Nistmaterial. Dies war der letzte Tropfen, der das Fass zum Überlaufen brachte; Das Geschöpf muss beseitigt werden.

In der folgenden Nacht wurden die Pläne sorgfältig ausgearbeitet. Zwei 5-Gallonen-Ölkanister standen im Türrahmen. Dadurch blieb ein schmaler Durchgang zurück, der gerade breit genug war, um eine kleine Sprungfalle unterzubringen. Ein Stück Zeitungspapier wurde über die Falle gelegt und das Ende der Kette am Kopfende des Stahlbettgestells befestigt. Kurze Zeit nachdem das Licht gelöscht wurde, verriet ein kratzendes Geräusch, dass das Tier durch das Loch eingedrungen war. Alles war ruhig, bis seine Nase eine der leeren Dosen berührte. Dann schnapp! Eine Reihe von Quietschgeräuschen und das Rasseln der Kette kündigten an, dass die Kreatur ins Bett klettern würde. Als es über den Kopf hereinkam, gingen die wild aufgeregten Insassen am Fuß davon. Als das Licht angezündet wurde, saß die Ratte in der Mitte des Bettes. Ein schwerer Stiefel erledigte es bald, und in der Schlafbaracke herrschte wieder ein Anschein von Ordnung. Seltsamerweise kamen für den Rest der Saison keine Waldbewohner mehr hinzu.

Obwohl solche Erfahrungen die Regel sind, wenn diese Ratte in eine Behausung eingezogen ist, ist sie in ihren heimischen Aufenthaltsräumen ein entzückendes Geschöpf. Es ist ein Randfelsenbewohner; Das heißt, er baut sein Nest am liebsten weit hinten in einer tiefen Felsspalte. Wenn ein solcher Standort nicht verfügbar ist, findet er möglicherweise einen geschützten Standort in einem Schutthang oder sogar zwischen den Wurzeln eines Baumes. Gewöhnlich werden diese natürlichen Festungen noch weiter verstärkt, indem man einen Stapel aus Stöcken und verschiedenen darüber geschichteten Materialien hinzufügt Skelter über dem Nest. Das Nest selbst ist ziemlich groß, normalerweise 30 cm oder mehr im Durchmesser, und besteht aus den weichsten und wärmsten Materialien, die es gibt.

Irgendwo in der Nähe des Nestes werden ein oder mehrere Vorratslager mit Lebensmitteln für die Zeit gefunden, in der der Schnee tief liegt und eine Hungersnot das Land heimsucht. Wie bereits erwähnt, wird die Waldratte normalerweise mit den Kiefern der Transition Life Zone und darüber in Verbindung gebracht, und Pinienkerne sind eines ihrer beliebtesten Nahrungsmittel. Eicheln, Samen, Beeren, Steinobst und etwas Vegetation runden die pflanzliche Ernährung ab. Es frisst auch Fleisch, wann immer es verfügbar ist, obwohl es, abgesehen von Insekten, wenig Neigung zeigt, sein eigenes Fleisch zu töten. Bei einem so abwechslungsreichen Menü erscheint es völlig angemessen, dieses Nagetier als Allesfresser zu bezeichnen.

Eines der charakteristischsten Merkmale des Zuhauses des Waldbewohners ist ein starker, moschusartiger Geruch. Dies ist kein Hinweis auf Unsauberkeit. Das Tier ist in seiner Toilette sehr anspruchsvoll, weist aber in großem Maße diesen Körpergeruch auf. Eine untersuchte Haut wird viele Jahre lang starke Spuren davon behalten. Ob es zur Identifizierung anderer Arten dient, ist nicht bekannt, aber es könnte durchaus diesem Zweck dienen.

Obwohl der Buschschwanz-Waldratte als nachtaktives Tier gilt, ist er oft den ganzen Tag über aktiv. Sie sind keine geselligen Tiere; Da jedoch in manchen Gebieten möglicherweise keine geeigneten Nistplätze gefunden werden, beherbergen andere, bevorzugtere Orte häufig eine beträchtliche Anzahl der Tiere. Überhängende Felsvorsprünge können die Müllhaufen schützen und alle paar Meter ein Nest darstellen. In solchen Fällen führt ein ausgetretener Pfad von einem zum anderen. Dies ist kein Hinweis darauf, dass dort eine Kolonie in Frieden und Harmonie lebt. Diese Ratten sind untereinander widerspenstige Wesen, und wenn sich ein Fremder in einen Nesthügel wagt, wird er mit vielen empörten Quietschgeräuschen und einem furchterregenden Zähneknirschen vertrieben. Der Eindringling scheint zu wissen, dass er nicht in Ordnung ist und verlässt das Nest normalerweise sofort, ohne mehr als einen symbolischen Widerstand zu zeigen. In neutralem Gebiet wie einer Hütte können sich jedoch mehrere Waldbewohner das Gebiet ganz friedlich teilen, allerdings zum großen Ärger des menschlichen Bewohners.

Die Vielfalt der Klänge, die eine solche Gruppe hervorbringt, ist erstaunlich. Zu dem üblichen hohen Quietschgeräusch und dem Trampeln rennender Füße gesellt sich das geheimnisvolle Rascheln von Papier und anderen herumgeschleppten Gegenständen. Ein eigenartiges pochendes Geräusch weist auf einen Gang hin, den ich noch nie gesehen, aber oft nachts gehört habe. Es muss ein wenig wie der Sprungflug einer Känguru-Ratte sein, zumindest deutet es auf eine schnelle Abfolge von Sprüngen über eine ebene Fläche wie einen Boden oder ein Dach hin. Vielleicht ist die breite Oberfläche, die die flache Seite des buschigen Schwanzes bietet, bei diesem Manöver hilfreich. Dann schlägt der Waldratte, wie die meisten Nagetiere, als Alarmsignal mit den Hinterbeinen auf . Dies ist vielleicht das auffälligste Geräusch von allen, denn es markiert das sofortige Ende jeglicher Aktivität für jedes Mitglied seiner Art in Hörweite. Die „ohrenbetäubende Stille", die diesem Signal folgt, dringt förmlich in die Dunkelheit ein.

Bisamratte
***Ondatra zibethicus* (französisch-kanadisches Wort
aus dem Irokesen- und Huronen-Indianerwort für
Bisamratte. Lateinisch: die duftende Substanz der
Zibetkatze in Anspielung auf den von der Bisamratte
abgesonderten Moschus)**

VERBREITUNGSGEBIET : Praktisch ganz Nordamerika nördlich der mexikanischen Grenze. Bisamratten kommen in der Nähe des Meeresspiegels und bis zu einer Höhe von 10.000 Fuß darüber vor.

LEBENSRAUM : Dieses große Nagetier kann nur in der Nähe einer dauerhaften Wasserquelle leben, die tief genug ist, um es vor seinen Feinden zu schützen. Dies kann ein See, ein Sumpf oder ein fließender Bach sein.

BESCHREIBUNG : Ein großes Wassernagetier, dessen langer, flacher Schwanz sich beim Schwimmen hin und her bewegt. Gesamtlänge 18 bis 25 Zoll. Schwanz 8 bis 11 Zoll. Gewicht 2 bis 4 Pfund. Das dichte, dunkelbraune Fell des Oberkörpers ist mit braunen bis schwarzen Grannenhaaren überzogen. Die Beine sind kurz, aber kräftig. Die Vorderfüße sind klein, aber die Hinterfüße sind relativ groß und teilweise mit Schwimmhäuten versehen, mit steifen Haaren an den Rändern der Schwimmhäute und entlang der Seiten der Zehen. Der lange schwarze Schwanz ist vertikal abgeflacht. Es ist so spärlich behaart, dass man sagen könnte, es sei nackt, aber es ist mit kleinen Schuppen von bis zu 2 Millimetern Durchmesser bedeckt. Der Kopf ähnelt stark dem einer Wühlmaus. Die Ohren sind so kurz, dass sie kaum durch das Fell ragen, und die Augen sind klein. Die durchschnittliche Zahl der Jungen pro Wurf wird auf sechs geschätzt . Jedes Jahr können mehrere Würfe geboren werden.

Das Vorhandensein von Bisamratten in einem flachen See oder Sumpfgebiet ist nicht schwer zu erkennen. Dies ist ihr bevorzugter Lebensraum, und hier in etwa 1½ Fuß tiefem Wasser bauen sie ihre charakteristischen Hügel aus Binsen und Katzenschwänzen . Hier kann man sie auch an ruhigen Tagen beobachten, wie sie herumschwimmen und ihren normalen Aktivitäten nachgehen. In weiten Teilen des Südwestens gibt es jedoch nur wenige solcher bevorzugten Lebensräume, und die Bisamratten müssen sich zwischen den wenigen permanenten Bächen und Bewässerungskanälen entscheiden, sofern es welche gibt. Unter diesen veränderten Umständen reagieren sie ganz anders; Sie können oft in beträchtlicher Zahl vorhanden sein, ohne dass irgendjemand etwas davon mitbekommt. Die durch diese veränderte Umgebung erforderliche Änderung der Gewohnheiten verdeutlicht die große Anpassungsfähigkeit vieler unserer häufigsten Säugetierarten.

Das wichtigste Bedürfnis einer Bisamratte ist ein ständiges Gewässer mit ausreichender Tiefe, in die sie eintauchen und ihren Feinden entkommen kann. Vor diesem Hintergrund wird sofort mit dem Bau eines Hauses begonnen. In einem See oder Sumpfgebiet gibt es kaum oder gar keine Strömung. In geschützten Buchten, in denen die Wellenbewegung gering ist, ist der Boden oft schlammig. Im flachen Wasser entlang des Ufers etablieren sich Wasserpflanzen wie Rohrkolben und Rohrkolben.

Dies ist in der Tat der Himmel für Bisamratten, denn diese und andere Wasserpflanzen dienen ihnen sowohl als Nahrung als auch als Baumaterial. Die essbarsten Teile der Pflanzen sind die Wurzeln und die Stängelteile, die sich unter der Schlammoberfläche befinden. Wenn einer dieser erlesenen Leckerbissen von den scharfen Zähnen der Bisamratte herausgeschnitten wurde, wird er zum Verzehr an einen Lieblingsort getragen. Dabei kann es sich um eine Lehmbank handeln, die durch überhängende Vegetation gut vor neugierigen Blicken geschützt ist, um das Ende eines Baumstamms, der über die Wasseroberfläche hinausragt, oder vielleicht um das Dach des „Hauses". Der abgeworfene Teil des Stängels ist schwimmfähig und bleibt normalerweise zwischen den verbleibenden Pflanzen hängen, bis er für Bauzwecke benötigt wird.

Bisamratte

Wenn das Bisamrattenhaus gebaut wird, wird eine große Menge dieses Treibguts aufgeschichtet, bis der resultierende Hügel bis zu 3 Fuß über das Wasser hinausragt und einen Durchmesser von 5 bis 6 Fuß hat. Das Nest wird oberhalb der Wasserlinie in diesem halb unter Wasser liegenden „Heuhaufen" gebaut. Der Zugang zu den Wohnräumen erfolgt über einen Tunnel, der normalerweise in kurzer Entfernung vom Sockel des Hauses durch den Schlamm beginnt, unter der Kante des Gebäudes verläuft und dann nach oben zum Nest führt. Es ist nur ein Eingang erforderlich, denn selbst wenn ein Feind tief genug durch das Binsengewirr vordringen sollte, um das Nest zu erreichen, würde es so lange dauern, dass jeder Insasse problemlos über diesen U-Boot-Weg entkommen könnte. Das Haus erfüllt im hohen Norden noch einen weiteren wichtigen Zweck. Wenn das Eis dick über dem Sumpf liegt und diese Wasserwelt von der Luft abdichtet, können die Bisamratten immer noch kurze Streifzüge unter dem Eis unternehmen, um Nahrung zu finden, und dann wieder in die freie Luft zurückkehren, ohne die kein Säugetier existieren kann.

Hätte die Bisamratte gelernt, Dämme zu bauen, wie sie der Biber baut, wäre die Art im Südwesten möglicherweise vom Aussterben bedroht, da solche Bauwerke die Bewässerung ernsthaft beeinträchtigen würden. Da sie die Bedingungen jedoch so akzeptiert haben, wie sie sind, kommen die Bisamratten in den seichten Bächen und Bewässerungsgräben sehr gut zurecht. Tatsächlich ist ihre Bevölkerung unter den widrigen Bedingungen von heute wahrscheinlich weit höher als die der Tage, bevor der weiße Mann auf der Bildfläche erschien. Gehen Sie bei dieser Aussage nicht davon aus, dass sich für die Bisamratte eine völlig neue Lebensweise eröffnet hat . Es gab schon immer eine „Bank"-Bisamratte, die in Höhlen an den Flussufern lebte. Dieser Schnellwassersüchtige hat mittlerweile die künstlichen Bäche voll ausgenutzt, die fast überall im Südwesten die Vorläufer der Landwirtschaft sind. Die in die Kanalufer eingebauten Höhlen scheinen mit denen identisch zu sein, die unter natürlichen Bedingungen angelegt wurden.

Die „Bank"-Bisamratte baut drei Arten von Unterständen, von denen jeder eine bestimmte und notwendige Funktion hat. Diese könnten als Futterbau, Unterschlupfbau bzw. Brutbau bezeichnet werden. Die ersten beiden sind einfach im Design und weisen nur wenige Variationen auf, der Brutbau kann jedoch äußerst komplex sein. Wenn die Wahl besteht, befinden sich alle Höhlen in einer Böschung entlang der schnellsten Wasserströmung, beispielsweise an der Außenseite einer Kurve im Kanal. Dadurch wird verhindert, dass die Eingänge verschlammen, wie es in den ruhigeren Bereichen der Fall wäre.

Es gibt zwei Arten von Futterhöhlen. Die erste und häufigere Methode besteht aus einem Schnitt direkt über dem Wasserspiegel an der Seite eines vertikalen Ufers. Wenn möglich, befindet es sich hinter einem Portiere aus hängendem Gras oder Unkraut, sodass es vollständig vor Blicken geschützt ist. Dies ist lediglich ein sicherer Ort, an den die Bisamratte ihre Nahrung bringen und essen kann, ohne von Feinden belästigt zu werden. Die zweite Art von Nahrungshöhlen ist aufwändiger und besteht aus mehreren solcher Kammern entlang des Ufers, die durch kurze Tunnel verbunden sind. Es handelt sich offenbar um Gemeinschaftsunterkünfte, da sie von mehreren Personen gleichzeitig genutzt werden. Der Vorteil dieses Esszimmertyps scheint die zusätzliche Sicherheit zu sein, die die Verbindungstunnel bieten.

Der Schutzbau bietet nicht nur die Möglichkeit, Feinden zu entkommen, sondern kann auch als Schlafbau dienen. Es besteht aus zwei Tunneln, die auf unterschiedlichen Niveaus unter Wasser beginnen und sich kurz vor der Hauptkammer vereinen, die natürlich über dem Wasserspiegel liegt. Die beiden Tunnel gewährleisten einen Fluchtweg, falls der eine oder andere von einem Feind überfallen wird. Jede Bisamratte kann mehrere dieser Schutzhöhlen haben. Der als Schlafbau genutzte Bau wird mit einem weichen Nest aus zerkleinerten Blättern ausgestattet. Rohrkolbenblätter sind hierfür ein beliebtes Material. Nasse, grüne Rohrkolbenblätter in einer feuchten unterirdischen Höhle sind für die meisten Verhältnisse ein schlechtes Bett, aber zweifellos scheint es ein trockener, gemütlicher Rückzugsort für die Bisamratte zu sein, wenn sie tropfend aus ihrem Unterwassertunnel auftaucht.

Die Bruthöhlen sind groß und aufwendig gestaltet. Es gibt Grund zu der Annahme, dass sie nicht immer das Werk eines Einzelnen sind. Möglicherweise handelt es sich sogar um gemeinsame Anstrengungen mehrerer Bisamrattengenerationen. Oft handelt es sich um ein Labyrinth aus Tunneln, die viele Nistkammern verbinden, in denen sich jeweils ein Nest unterschiedlichen Alters befindet. Dies lässt sich an der Gelbfärbung der zerkleinerten Blätter erkennen. Wie zu erwarten ist, führen normalerweise mehrere Tunnel von diesem Labyrinth ins Wasser. Ein halbes Dutzend dieser Unterwasser-Eingangstunnel ist nicht ungewöhnlich. Dieser ganze Raum bietet den Jungen die Möglichkeit, sich zu bewegen, bevor sie ins Wasser gehen können.

Junge Bisamratten sind überraschend frühreif. Sie können das Nest verlassen, wenn sie noch sehr klein sind, und im Alter von 4 Wochen sind sie entwöhnt und in der Lage, für sich selbst zu sorgen, obwohl sie erst etwa ein Viertel ausgewachsen sind. In diesem Stadium sind sie eigenartig aussehende kleine Individuen. Das Fell ist noch im Wollstadium, dunkel und bläulich gefärbt. Die Grannenhaare sind noch nicht sichtbar und wirken insgesamt ungepflegt. Dies verschwindet jedoch schnell, wenn sie den Bau verlassen. Ihr Fortschritt ist so schnell, dass angenommen wird, dass die Jungen, die zu Beginn des Frühlings geboren werden, im darauffolgenden Herbst brüten.

Obwohl Bisamratten normalerweise auf die unmittelbare Nähe von Gewässern beschränkt sind, findet man sie manchmal an erstaunlichen Orten. Der Drang zum Reisen verleitet sie manchmal dazu, kilometerweit quer durchs Land zu einem anderen Gewässer zu fahren. Es kann auch sein, dass sie in einem Gebiet überfüllt sind, so dass Lebensmittel knapp werden und einige aus diesem Grund wegziehen. Im Mittleren Westen ist es nicht ungewöhnlich, dass sie sich zu Beginn des Herbstes in den Wurzelkeller eines Bauern verkriechen und Monate in dieser Oase der Wärme und des guten Essens verbringen, bevor sie entdeckt werden. Überschwemmungen können sie kilometerweit von etablierten Aufenthaltsorten vertreiben und sie auf einer Anhöhe stranden lassen, wenn das Wasser zurückgeht. Eine Bisamratte, die sich in dieser misslichen Lage befindet, ist kein Tier, mit dem man leichtfertig umgehen kann. Wenn es nicht auf dem Wasserweg entkommen kann, wird es sich wahrscheinlich für einen Widerstand entscheiden. Die langen, scharfen Schneidezähne sind in der Tat beeindruckende Waffen, und jeder Feind, auch der Mensch, sollte am besten zulassen, dass sein Urteilsvermögen den größten Teil seiner Tapferkeit ausmacht.

Die Spuren von Bisamratten sind so charakteristisch, dass sie nicht mit denen anderer Tiere verwechselt werden können. Seltsamerweise ähneln sie in auffallendem Maße denen bestimmter ausgestorbener Reptilienarten, den sogenannten Dinosauriern. Die Spuren der beiden kleinen Vorderfüße liegen dicht beieinander und werden von denen der größeren Hinterfüße etwas überlappt. Zwischen den Spuren befindet sich die gewundene Spur, die der scharfkantige Schwanz hinterlassen hat.

Biber
Castor canadensis (lateinisch: ein Biber ... aus Kanada)

Verbreitungsgebiet : Der Biber kommt wie die Bisamratte fast überall in Nordamerika nördlich der mexikanischen Grenze vor.

BESCHREIBUNG : Das größte nordamerikanische Nagetier; zeichnet sich außerdem durch einen breiten, flachen Schwanz aus. Gesamtlänge 34 bis 40 Zoll. Schwanz 9 bis 10 Zoll. Gewicht von 30 bis 60 Pfund. Die Farbe des Bibers variiert von einem tiefen, satten Braun in den nördlichen Bundesstaaten bis zu einem viel blasseren Farbton in den Wüstenregionen des Südwestens. Das weiche, üppige Unterfell wird teilweise von groben, eher steifen Deckhaaren verdeckt. Die braune Farbe der oberen Teile geht unter dem Bauch und an den Innenseiten der Beine in ein Kastanienbraun über. Die Vorderpfoten sind klein und haben gut entwickelte Krallen. Sie erscheinen nackt, haben aber nur eine spärliche Schicht grober Haare. Die Hinterfüße sind groß und mit Schwimmhäuten versehen und ebenfalls mit einigen groben Haaren bedeckt.

Der Körper des Bibers ähnelt in gewisser Weise dem eines Kängurus, da der hintere Teil schwer ist und im Vergleich zum stromlinienförmigeren Kopf und den Vorderhand überentwickelt erscheint. Dieser Eindruck entsteht vor allem durch den schweren, flachen Schwanz, der an der Verbindungsstelle zum Körper dick und muskulös ist. Der Schwanz ist einer der nützlichsten Fortsätze aller Lebewesen. Er ist horizontal paddelförmig und in der Mitte etwa 2,5 cm dick und verjüngt sich zu dünnen Kanten und Spitzen. Es erscheint nackt, ist aber mit Schuppen bedeckt.

Die durchschnittlich vier Jungen werden im Spätfrühling geboren und obwohl sie bald in der Lage sind, für sich selbst zu sorgen, bleibt die Familie den größten Teil des Jahres zusammen.

Hinweise auf Biber in einem Gebiet sind ihre Dämme oder die markanten Baumstümpfe, die sie beim Fällen ihrer Bäume hinterlassen haben. Biberspuren sind selten zu finden. Obwohl dieses Wassertier oft das Wasser verlässt und eine beträchtliche Strecke über Land zurücklegen kann, werden seine Spuren normalerweise durch das Vorbeiziehen des schweren Hinterteils und des schleppenden Schwanzes verwischt.

Der Biber war vielleicht ebenso wie jeder andere Faktor maßgeblich daran beteiligt, den Westen Amerikas für die Zivilisation zu öffnen. Noch bevor sich die dreizehn ursprünglichen Kolonien entlang der Ostküste fest etabliert hatten, machten sich mutige Männer auf die Suche nach mehr Bibern nach Westen, um den ständig steigenden Bedarf an diesem weichen, reichhaltigen Fell zu decken. Auf diesem Handel mit Fellen, die aus dem Westen bis zum Mississippi kamen, wurden Industrieimperien gegründet. Zu Beginn des 18. Jahrhunderts waren die Fallensteller bis in die Rocky Mountains vorgedrungen, und 1806, nach der Rückkehr der Lewis-und-Clark-Expedition aus dem pazifischen Nordwesten, strömten sie in Scharen in die Quellgebiete des Missouri-Flusssystems. Zuvor hatte die Pelzindustrie dem Südwesten kaum Beachtung geschenkt. Es galt als unwirtliche Region, in der feindliche Indianer lebten und in der es einige Siedlungen spanischer Kolonisten gab, die sich bis zu diesem Zeitpunkt aktiv gegen das Eindringen der aggressiveren Amerikaner gewehrt hatten. Bis zum Jahr 1820 hatten sich die Beziehungen jedoch so weit verbessert, dass einige dieser robusten Individuen in den Quellgebieten der Wüstenflüsse Fallen stellten. Später weiteten sich ihre Aktivitäten auf die gesamte Länge dieser bemerkenswerten Wasserläufe aus.

Das waren die Mountain Men, eine knallharte Rasse von Grenzgängern der Extraklasse. In der Zeit von 1820 bis 1854, als ein großer Teil des Südwestens durch den Gadsden Purchase Teil der Vereinigten Staaten wurde, durchstreiften sie die Ebenen und Berge der amerikanischen Wüste. Zu ihrem Kader gehören so legendäre Persönlichkeiten wie Bill Williams, Pauline Weaver, Kit Carson und James Pattie. Ihre Aufgabe war die Suche nach den kostbaren, braunen Biberfellen, die tatsächlich wie ein goldenes Vlies aussahen, wenn sie den Pelzhändlern im fernen St. Louis präsentiert wurden. Mit der Zeit schlugen ihre mokassinierten

Füße einen breiten Pfad über die westlichen Ebenen – ein Pfad, der damals als Santa Fe Trail bekannt war, heute aber als US 66, die „Hauptstraße Amerikas", bekannt ist.

Heute sind viele der Bäche, die Biberkolonien in den Wüstengebieten ernährten, vollständig verschwunden, und andere wurden so effektiv für Bewässerung und Energie genutzt, dass in ihnen kein Platz für Biber ist. In den höheren Bergen gibt es jedoch viele Bäche abseits der Zivilisation, in denen klare Teiche noch im Sonnenlicht glitzern und an ruhigen Sommerabenden das Plätschern und Tropfen geschäftiger Biber zu hören ist. Da sich Biber unter allen günstigen Bedingungen schnell etablieren, wurden sie an zahlreichen Orten wieder angesiedelt, wo sie viele Jahre lang ausgestorben waren. Normalerweise ist dies eine gute Erhaltungspraxis, aber unter bestimmten Umständen kann es sich als Fehler erweisen. Aus ökologischer Sicht sind Biber wahrscheinlich die wichtigsten Lebewesen in jeder Tiergemeinschaft, der sie angehören. Dies liegt daran, dass diese vielbeschäftigten Ingenieure nicht nur einen enormen Materialverbrauch für die Umgebung verursachen, sondern sehr oft auch den Charakter des Geländes radikal verändern, um ihn an ihre eigenen Bedürfnisse anzupassen.

Biber

Die Lebensgeschichte des Bibers ist eine der interessantesten aller Säugetiere. Es wird seit Jahrhunderten von Naturforschern sowohl in der Neuen als auch in der Alten Welt untersucht, da der Biber mit nur wenigen Unterschieden in beiden Welten heimisch ist. Trotz all dieser Studien und Beobachtungen sind die Gewohnheiten immer noch nur teilweise bekannt. Dies liegt daran, dass der Biber hauptsächlich ein nachtaktives Lebewesen ist, das die meiste Zeit seines Tages im Verborgenen einer Hütte oder eines Baus verbringt. Auch in den nördlichen Breiten, wo die Teiche während der langen Winter mit Eis bedeckt sind, gibt es kaum Gelegenheit, diese Phase seiner Existenz zu beobachten. In Nordamerika gibt es nur eine Biberart, aber etwa zwei Dutzend Unterarten. Die nördlichen Arten und diejenigen, die in den Bergen des Südwestens leben, scheinen Dammbauer zu sein, die in Biberhütten leben. Diejenigen, die in den Flüssen der unteren Wüste lebten, waren meist Uferbiber, die in Höhlen an den Ufern von Bächen lebten. Letzterer Typ ist heute selten.

Der vielleicht beste Weg, die ökologische Bedeutung des Bibers zu verstehen, besteht darin, den Aufstieg und Niedergang einer typischen Kolonie zu beobachten. Stellen Sie sich einen kleinen, flachen Bach vor, der sanft durch ein enges Tal in den Bergen fließt. An die niedrigen Ufer grenzt ein Erlendickicht. Dahinter erstreckt sich ein dichter Espenwuchs bis zum Talrand und vermischt sich mit den Fichten am Hang. Diesen Hang kommt ein junger männlicher Biber im ungeschickten Galopp herab, wobei sein breiter Schwanz bei jedem Schritt mit einem hörbaren Schlag auf den Boden aufschlägt. Dieser Auswanderer hat sich auf den Weg gemacht, weil die Kolonie, zu der er gehört, überfüllt ist. Er findet den Bach und da das Wasser zu flach ist, um ihn zu verbergen, kauert er unter einem überhängenden Ufer, bis es dunkel wird.

Sobald es völlig dunkel wird, macht er sich auf die Suche nach einem geeigneten Ort für den Bau eines Staudamms und findet bald ein Grundstück, das ihm gefällt. Auf der einen Seite des Baches ragt ein dichter Erlenwald aus dem Ufer, auf der anderen Seite ist ein wassergetränkter Baumstamm halb im Bachgrund vergraben. Von diesen Ankerpunkten aus beginnt er seinen Damm und baut ihn von jeder Seite zur Mitte hin auf. Die Arbeiten erfordern, dass ein großer Teil des Erlengestrüpps abgeschnitten und im Bachbett versenkt wird. Dort wird es mit Steinen und Schlamm beschwert, bis es fest sitzt. Zusätzliche Bürste wird mitgebracht und mit der ersten verflochten;

Allmählich wächst die Struktur, bis sie den Bach nach ein paar Tagen in ein ruhiges Becken verwandelt, das tief genug ist, um den Biber zu verstecken, falls ein Feind auftaucht. Wenn das Wasser steigt, bedeckt es die Basen der Erlen, die im Teich abzusterben beginnen.

Als nächstes widmet sich der Biber dem Bau einer Hütte. Er wählt einen Punkt auf einer Seite der Strömung, die in den Teich mündet, und beginnt wie beim Damm damit, das Gestrüpp auf den Grund zu senken und es mit Steinen zu beschweren. Während er baut, gestaltet er geschickt mehrere Unterwassereingänge zum künftigen Haus. Als er fertig ist, ragt das Haus mehrere Fuß über das Wasser hinaus, und die Materialien sind so gründlich miteinander verflochten und verputzt, dass selbst der entschlossenste Feind daran verzweifeln würde, Zugang zum Wohnzimmer zu erhalten. Trümmer der Bauarbeiten sind flussabwärts geschwemmt und haben sich im und auf dem Damm festgesetzt, wodurch dieser sicherer und wasserdichter ist als beim ersten Bau.

Nachdem sowohl der Damm als auch die Hütte fertiggestellt sind, besteht die nächste Aufgabe darin, Lebensmittelvorräte für den folgenden Winter zusammenzustellen. Dies wird zeitweise im Herbst durchgeführt. Es besteht darin, Espen zu fällen, deren Rinde der Biber sehr liebt, die Äste und kleinen Stämme in handliche Stücke zu zerteilen und sie zum Teich zu schleppen. Sobald sie im Wasser sind, werden sie beschwert und bleiben lange in gutem Zustand. Der Biber wird bei dieser Aufgabe von einem Weibchen unterstützt, das ebenfalls aus einer überfüllten Kolonie eingewandert ist. Zwei brauchen mehr Nahrung als einer, daher führen ihre Spuren etwas weiter in den Espenwald hinein, während sie sich durch die kühlen Herbstnächte arbeiten. Diese Wege laufen zusammen, wenn sie den Wald verlassen und sich dem Teich nähern, und enden in einigen gut ausgebauten Schlammlawinen, die ins Wasser gelangen. Der ständige Verkehr der nassen Biber, die das Wasser verlassen, hält die Rutschen feucht und rutschig.

Wenn der Winter in den Bergen Einzug hält, beginnt sich in kalten Nächten eine dünne Eisschicht an den Rändern des ruhigen Wassers zu bilden. Dann friert es eines Nachts völlig zu. Für die Biber bereitet dies keinerlei Unannehmlichkeiten, denn wenn sie bei einem ihrer Unterwasserausflüge an die Oberfläche wollen, um Luft zu schnappen, müssen sie nur zu einer flachen Stelle mit festem Boden schwimmen und mit einer schnellen

Bewegung ihrer kräftigen Muskeln ein Loch durchbrechen das
Eis mit dem Rücken. Auf diese Weise können sie überraschend
dickes Eis brechen. Den ganzen Winter über leben die Biber
bequem und im Überfluss. Das Wohnzimmer der Lodge ist mit
bequemen Betten aus Rohrkolben ausgestattet, die sich bereits am
Teichrand angesiedelt haben. Obwohl die Hütte eng gebaut ist,
lässt sie dennoch genügend Luft für die Biber zu, und auf dem
Grund des Teichs ist ausreichend Futter gelagert. Da die Rinde
von den Espenzweigen abgenagt wird, werden die blanken
Stangen zum Hauptteil des Hauses hinzugefügt oder für den
weiteren Bau des Damms verwendet. Bald geht der milde Winter
im Südwesten in den Frühling über.

Im Spätfrühling wird die Biberfamilie durch die Ankunft von vier
Miniaturbibern erheblich vergrößert. Sie wiegen bei der Geburt
jeweils nur 1 Pfund und sind vollständig behaart. Zu dieser Zeit
wird der Vater geächtet und die Mutter und ihre Jungen leben
zusammen in der Lodge. Wenn die Jungen etwa drei Wochen alt
sind, gehen sie zum ersten Mal ans Wasser. Sie erlernen schnell
die Biberschwimmmethode; Dabei tritt man mit den Hinterfüßen
und lässt die Vorderbeine locker entlang der Brust gleiten, wobei
der flache Schwanz sowohl als Höhenruder als auch als Ruder
dient. Die jungen Biber werden Kätzchen genannt und sind in der
Tat so verspielt, wie echte Kätzchen nur sein können. Es ist
erstaunlich zu sehen, wie sie sich im Wasser mit der gleichen
Leichtigkeit tummeln wie die Jungen anderer Säugetiere an Land.
Wenn der Herbst näher rückt, wird dieses Stück durch die
strengeren Pflichten des Lebens ersetzt, und die Jungen nehmen
ihren Platz als Erwachsene der Familie ein.

Fünfzig Jahre vergehen. Wenn die Kolonie wächst, muss der
Damm größer gemacht und neue Hütten gebaut werden; und
wenn die Wege zum Espenwald zu lang werden, werden auf
halber Strecke Kanäle gegraben, um die Gefahren zu verringern,
denen der Biber auf trockenem Land ausgesetzt sein kann. Der
Teich verschlammt nach und nach immer höher, bis er schließlich
mit schwarzer, fruchtbarer Erde gefüllt ist. Schließlich werden alle
Espen in Reichweite abgeholzt und die hungrigen Biber greifen
auf die harzige Rinde der Fichten zurück. Schließlich wird der
Kampf aufgegeben. Die Biber ziehen an einen neuen Standort,
und im folgenden Frühjahr reißt ein Frischling die Mitte des
Damms heraus. Jetzt ist der Teich weg. Mit ihm sind die Forellen
verschwunden, die in seinen Tiefen spielten, und die Krickenten,
die dort auf ihrem Weg nach Süden rasteten. An seiner Stelle

befindet sich eine Biberwiese , ein grasbewachsener Park inmitten des Fichtenwaldes, dessen grüne Oberfläche mit Frühlingsblumen übersät ist. Espen drängen sich bereits an seinen Rändern, und mit jedem Frühling schneidet sich der Bach tiefer in seinen weichen Boden ein. Bald wird die starke Erosion ihren Tribut fordern, und eines Tages wird erneut ein Bibermännchen unbeholfen den Hang hinuntergaloppieren.

Die sich ändernden Bedingungen, die ein solcher Zyklus mit sich bringt, sind kaum einzuschätzen. Es sind mindestens drei Klimahöhentypen vertreten : das Erlendickicht, der Biberteich und die Biberwiese. Dieser Zyklus veranschaulicht auf anschauliche Weise, was in der Natur kontinuierlich, vielleicht langsamer, aber genauso sicher, vor sich geht.

Stachelschwein
***Erethizon dorsatum* (Griechisch: irritieren in Anspielung auf die Federkiele und Lateinisch: auf den Rücken bezogen)**

VERBREITUNGSGEBIET : Der größte Teil Nordamerikas nördlich der mexikanischen Grenze. Bemerkenswert durch ihre Ausnahme sind die südlichen zentralen und südöstlichen Vereinigten Staaten.

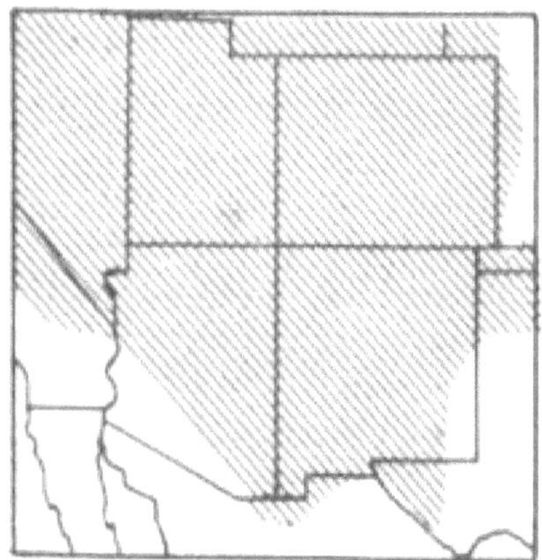

LEBENSRAUM : Normalerweise mit Nadelwäldern verbunden, kann aber manchmal kilometerweit von jedem Wald entfernt gefunden werden. Ein Bewohner aller Lebenszonen bis zur Waldgrenze (Arktis-Alpin).

BESCHREIBUNG : Eine schwarze bis ergraute, schwarz-gelbe Kreatur, die mit Federkielen bedeckt ist. Gesamtlänge 18 bis 22 Zoll. Schwanz 7 bis 9 Zoll. Gewicht 10 bis 28 Pfund. Körper kurz und breit; gestützt von kurzen, gebogenen Beinen. Schwanz schwer und muskulös, mit kurzen, schlanken Stacheln bewaffnet. Kleiner Kopf mit stumpfen Augen und langen schwarzen Schnurrhaaren, aber kurzen Ohren. Die Schneidezähne sind extrem groß und haben eine leuchtend satte gelbe Farbe. Die Federkiele sind im Gesicht am kürzesten und erreichen ihre größte Länge in der Mitte des Rückens. Oft sind sie im rauen, robbenbraunen bis schwarzen Unterfell fast verborgen. Die langen Deckhaare sind nahe am Körper ebenfalls siegelbraun, wechseln aber an den Spitzen in ein eher trübes Gelb. Jedes Jahr wird nur ein Junges in einer Höhle zwischen den Felsen oder manchmal in einem hohlen Baumstamm zur Welt gebracht. Die Jungen gehören zu den frühreifsten Säugetieren.

dorsatum zugerechnet , obwohl es sieben Unterarten gibt. Die im Südwesten am häufigsten vorkommende Unterart ist *Epixanthum* (griechisch *epi* , upon und *xanthus* , gelb), manchmal auch „gelbhaariges" Stachelschwein genannt. Das Stachelschwein ist einzigartig unter den nordamerikanischen Säugetieren, da es die scharfen Federkiele trägt, die vielleicht sein interessantestes Merkmal sind. Sicherlich sind sie zu einem großen Teil für die ungewöhnliche Lebensgeschichte dieses missverstandenen Tieres verantwortlich.

Federkiele sind nichts anderes als stark veränderte Haare, und wenn man die verschiedenen Arten von Fell auf dem Rücken eines Stachelschweins untersucht, wird man einige Exemplare finden, die zwischen den Haaren und den Federkielen liegen. Das bedeutet nicht, dass gröbere Haare nach und nach zu Federkielen werden. Jeder Follikel produziert lebenslang Haare bzw. Federn. Eine Feder besteht aus drei klar definierten Teilen: einer festen, scharfen Spitze, die normalerweise schwarz ist; ein hohler Schaft, der weiß ist; und eine Wurzel ähnlich der eines Haares.

Stachelschwein

Die scharfe Spitze ist für den Bruchteil eines Zolls glatt, aber von diesem Punkt an ist sie mit einer großen Anzahl eng anliegender Widerhaken bedeckt. Diese können durch Reiben der Feder in der „falschen" Richtung zwischen Daumen und Zeigefinger ertastet werden. Es wurde festgestellt, dass sich diese Widerhaken von der Oberfläche abheben, wenn die Feder in warmes Wasser getaucht wird. Es scheint natürlich, dass sie dasselbe tun würden, wenn sie in warmes, feuchtes Fleisch eingebettet wären. Auf jeden Fall ist es immer schwierig, Stacheln herauszuziehen, und wenn sie im Opfer verbleiben, dringen sie immer tiefer ein, bis sie möglicherweise ein lebenswichtiges Organ durchbohren und zum Tod führen. In anderen Fällen ist bekannt, dass sie vollständig durch den Körper oder die Gliedmaßen wirken und auf der gegenüberliegenden Seite austreten. Dies ist auf die Muskelaktivität des Opfers zurückzuführen, wobei einige Bewegungen dazu führen, dass die Spitze weiter gedrückt wird, während die Widerhaken gleichzeitig effektiv jeden Rückzug verhindern.

Unterhalb der Widerhaken verbreitert sich die Spitze des Federkiels und verbindet sich mit dem Schaft. Dieser reinweiße und undurchsichtige Teil wird von Indianern verwendet, um dekorative Bänder aus Federkielarbeiten auf der Vorderseite von

Wildlederwesten und -jacken zu formen. Dieser Teil ist ebenfalls hohl, und bevor versucht wird, einen Federkiel aus dem Fleisch zu entfernen, sollte ein wenig vom Ende abgeschnitten werden. Dadurch wird der Schaft kollabiert und das Herausziehen etwas einfacher , aber kaum weniger schmerzhaft. Eigentlich gibt es kaum eine Entschuldigung für einen Menschen, sich auf eines dieser sanftmütigen Geschöpfe einzulassen, aber manchmal werden Hunde bei der Begegnung mit ihnen schwer verletzt.

Die Wurzel ist der Teil, mit dem die Feder am Körper befestigt ist. Obwohl allgemein angenommen wird, dass das Stachelschwein seine Stacheln „werfen" kann, ist die Wahrheit, dass der Wurzelteil extrem schwach ist und die Stacheln sich leicht aus dem Körper ziehen lassen, wenn die Stachelspitze in einen Feind getrieben wird. Tatsächlich kann jede heftige Bewegung des Tieres dazu führen, dass sich die Federn lösen, selbst wenn sie noch nichts berührt haben. Es gibt mehrere gut gesicherte Berichte darüber, dass Federkiele auf diese Weise mehrere Fuß weit geschleudert wurden, aber in jedem Fall geschah dies völlig zufällig und ohne bewusste Anstrengung des Stachelschweins. Mit anderen Worten: Die Bewaffnung dieser langsamen, ungelenken Kreatur sollte in jeder Hinsicht als streng defensiv betrachtet werden.

Wie das Stinktier, das sich ebenfalls am effektivsten verteidigen kann, hat das Stachelschwein offensichtlich kaum Angst vor seinen Feinden. Bei Androhung von Gewalt senkt es einfach seinen Kopf zwischen den Vorderbeinen und dreht seinen Hintern in Richtung des Angreifers. Mit aufgerichtetem Haar und Federkielen ähnelt es einem weichen, pelzigen Ball. Der Schein trügt selten mehr! Die Deckhaare verdecken zur Hälfte eine Stelle auf dem Rücken, wo ein Wirbel langer Federkiele in einem großen „Wellenhaar" ausstrahlt. Sollte ein Feind diese langen Schutzhaare berühren, wird der muskulöse Schwanz heftig hin und her geschlagen, um die etwas kürzeren, aber ebenso spitz zulaufenden Schwanzfedern in den Angreifer zu treiben. Bei jedem Angriffsversuch aus einem anderen Winkel dreht sich das Stachelschwein um und präsentiert dem Feind sein Hinterteil. Es gibt jedoch eine Achillesferse in dieser ansonsten nahezu perfekten Verteidigung. Es sind die ungeschützten Unterteile, die bei Gefahr immer gegen den Boden oder einen Baumstamm gedrückt werden. Es ist bekannt, dass einige Fleischfresser, darunter der Berglöwe und der Fischer, das Stachelschwein töten, indem sie es auf den Rücken drehen und aufreißen. Allerdings kommen selbst diese großen Raubtiere selten unversehrt davon, und sowohl Löwen als auch Fischer sind bekanntermaßen an den Folgen von Federkielen gestorben, die versehentlich in den Verdauungstrakt gelangten.

Für diejenigen, die gehört haben, dass Stachelschweine nur von Rinde leben und die Wirtsbäume immer umgürten, mag es überraschend sein, dass dies nur teilweise zutrifft. Obwohl „Rinde" das ganze Jahr über in gewissem Umfang gegessen wird, ist sie selten die Hauptnahrung. Wenn von einem Baum viel abgenommen wird, wird es in einem ziellosen Muster abgenagt, das den Baum umschließen kann oder auch nicht. Im Frühling und Sommer frisst ein Stachelschwein zarte Blätter und Zweige im Unterholz. Im Herbst und Winter ernährt er sich mehr von Mistel- und Kiefernnadeln als von Rinde. Aufgrund seiner geringen Reproduktionsrate besteht kaum die Gefahr, dass er unsere Wälder verschlingt, sofern seine natürlichen Feinde nicht beseitigt werden.

Nördlicher Taschenratten
Thomomys talpoides (Griechisch: thomos , ein Haufen und mys , Maus. Lateinisch: talpa , ein Maulwurf)

VERBREITUNGSGEBIET : Vom Nordwesten der Vereinigten Staaten und dem Südwesten Kanadas bis nach Nord-Arizona und Nordwest-New Mexico.

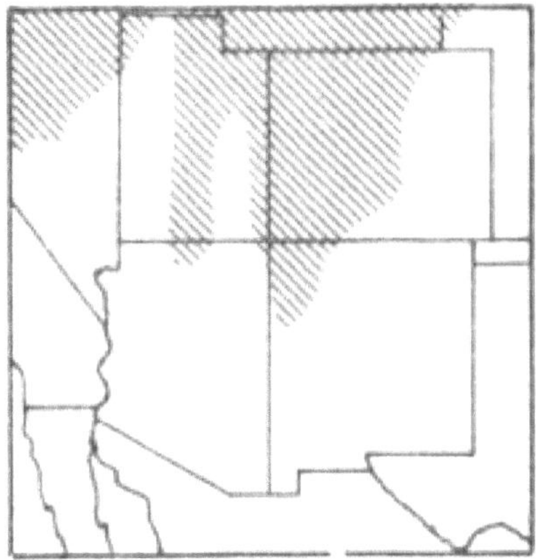

LEBENSRAUM : Weicher Lehm an offenen Stellen im Hochgebirge. Selten unterhalb von 8.000 Fuß zu finden, in New Mexico jedoch bis zu Höhen von über 13.000 Fuß.

BESCHREIBUNG : Die charakteristischen Erdhügel, die diese Gruppe grabender Nagetiere anhäuft, sind normalerweise der beste Hinweis auf ihre Anwesenheit. Der Taschenratten ist mittelgroß. Gesamtlänge 6½ bis 9½ Zoll. Schwanz 1¾ bis 3 Zoll. Die Farbe ist normalerweise grau mit dunkleren Flecken hinter den abgerundeten Ohren. Augen und Ohren sind klein. Der kurze Schwanz hat eine nackte, stumpfe Spitze. Die Vorderkrallen sind lang und gebogen. Der gesamte Körper ist gut bemuskelt und vermittelt den Eindruck von Kraft. Die durchschnittliche Zahl der Jungen wird auf etwa vier geschätzt . In den Höhenlagen, in denen diese Art lebt, werden die Jungen erst relativ spät im Sommer gesehen.

Nördlicher Taschenratten

Der Taschenratten ist eines der widerstandsfähigsten Nagetiere auf dem nordamerikanischen Kontinent. Dennoch könnte es das Klima der unwirtlichen Regionen, in denen es manchmal lebt, nicht überleben, wenn es nicht fast sein gesamtes Leben unter der Erde verbringt. Dieses Geschöpf macht keinen Winterschlaf, sondern ist weiterhin eifrig damit beschäftigt, nach Nahrung zu suchen, während die meisten anderen unterirdischen Bewohner tief und fest in ihren gemütlichen Nestern schlafen. Warum der Gopher weiterarbeiten sollte, während seine Erdhörnchen-Cousins schlafen, ist schwer zu sagen. Es scheint, dass es die gleichen Möglichkeiten hat, für eine Winterruhe Fett anzulegen.

Der Hauptgrund scheint darin zu liegen, dass die Zwiebeln und Wurzeln, von denen er sich ernährt, immer verfügbar sind, solange der Gopher seine unterirdischen Gänge weiter ausdehnt. Die Erdhörnchen hingegen, die ihre Nahrung oberirdisch sammeln, werden von dieser Versorgung abgeschnitten, sobald die Kälte sie in den Unterschlupf treibt.

Die Taschenratten sind sich sehr ähnlich. Im Südwesten gibt es drei Gattungen und eine beträchtliche Anzahl an Arten, aber bis auf klima- und geländebedingte Unterschiede sind ihre Lebensgewohnheiten ähnlich. Höhlen werden normalerweise in tiefem Lehm- oder Schwemmlandboden angelegt. Diese Tunnel scheinen einem ziellosen Muster zu folgen. Ihr Verlauf wird durch in unregelmäßigen Abständen aus den Gruben geworfene Erdhügel markiert. Wenn der Erdhörnchen damit beschäftigt ist, die ausgehobene Erde wegzuwerfen, bleibt der Eingang zum Tunnel offen, bis die Arbeit abgeschlossen ist, und wird dann fest verschlossen, um das Eindringen von Feinden zu verhindern. Die Tunnel selbst haben angesichts der Größe des Gophers einen eher kleinen Durchmesser, denn wenn er seine Schritte zurückverfolgen möchte und es in der Nähe keine Galerie gibt, in der er sich umdrehen kann, kann er fast genauso leicht rückwärts laufen wie vorwärts. Im Verlauf der Tunnel werden in der Regel zahlreiche Räume ausgegraben. In einem davon befindet sich ein warmes Nest aus Gras und Fasern. Andere werden als Lagerräume genutzt und mindestens einer ist als Toilette reserviert, wodurch der Rest der Betriebsräume hygienisch bleibt. Wenn der Boden mit Schnee bedeckt ist, ist es besonders wahrscheinlich, dass der Taschenratten seine Aktivitäten oberirdisch ausweitet. Hier baut es seine Tunnel durch den Schnee und verdichtet diese oft dicht mit von unten heraufgebrachter Erde. Dies bleibt bestehen, wenn die Erde schmilzt und der Schnee schmilzt, und bildet ein charakteristisches Zeichen seiner Anwesenheit.

Die Hauptnahrung der Taschenratten sind die Zwiebeln, Knollen und faserigen Wurzeln, die sie beim Graben finden. Wenn ein besonders großer Vorrat gefunden wird, wird der Überschuss eingelagert, um sich gegen die Zeit zu schützen, in der künftige Ausgrabungen nichts mehr produzieren. Gophers fressen auch Blätter und Stängel, wann immer sie verfügbar sind. Einige Pflanzen werden von den Wurzeln durch die Decke des Tunnels nach unten gezogen, andere werden in der Nähe der Tunnelmündung gesammelt, obwohl diese Ausflüge „nach draußen" mit Gefahren verbunden sind. Kojoten, Füchse und Rotluchse sind alle bereit, eine Begegnung mit diesem tapferen kleinen Raubtier zu wagen, nur um der leckeren Mahlzeit willen, die er bereiten wird.

Über das Familienleben der Gopher ist wenig bekannt. Meistens sind sie Einzelgänger und meiden Artgenossen. Zur Brutzeit können sie jedoch eine weite Strecke quer durchs Land zurücklegen, um einen Partner zu finden. Diese Fahrten werden in der Regel im Schutz der Dunkelheit durchgeführt. Die Zahl der Jungen beträgt durchschnittlich vier. Sie werden spät im Frühling geboren und ziehen erst im Frühherbst weg, um ihr eigenes Zuhause zu errichten.

Körperlich zeigt der Gopher eine bemerkenswerte Anpassung an seine Lebensweise. Das Fell ist dick und warm. Es verhindert, dass Erdpartikel in die Haut eindringen, und schützt gleichzeitig den Träger vor der Kälte seiner unterirdischen Arbeiten. Die schweren, gebogenen Vorderkrallen sind bewundernswerte Grabwerkzeuge. Bei besonders hartem Boden werden zu diesem Zweck auch die großen, kräftigen Schneidezähne zum Einsatz gebracht. Um den Schmutz aus dem Tunnel zu entfernen, verwandelt sich der Gopher in einen tierischen Bulldozer. Die Vorderbeine werden als Schaufel eingesetzt, um den Boden zu schieben, während die kräftigen Hinterbeine den Körper und die Last in Richtung der nächsten Tunnelöffnung schieben. Die Taschen , die dieser Kreatur ihren gebräuchlichen Namen verdanken, werden niemals zum Transport von Erde genutzt. Es handelt sich um mit Haaren besetzte Beutel, die sich in jeder Wange befinden und zum Transport von Lebensmitteln in die Lagerräume dienen. Dort werden sie entleert, indem man die Vorderfüße hinter sich stellt und nach vorne drückt. Zu guter Letzt ist der kurze, fast haarlose Schwanz aufgrund seiner Lage, aber sicherlich nicht zuletzt wegen seiner Nützlichkeit, zu nennen. Es wird als Tastorgan verwendet, um den Weg zu ertasten, wenn der Gopher rückwärts durch die Tunnel rennt. In mancher Hinsicht ist es nützlicher als die Augen, obwohl der Gopher diese auch nutzt, wie die Schnelligkeit beweist, mit der er jede Bewegung in der Nähe der Tunnelmündung wahrnimmt.

Der Platz des Erdhörnchens in der Natur scheint dem des Regenwurms ähnlich zu sein. Durch das Umwälzen des Bodens ermöglicht der Gopher eine leichtere Aufnahme von Wasser und Luft. Gleichzeitig wird die Fruchtbarkeit durch die Zugabe von vergrabenen Pflanzen- und Tiermaterialien gesteigert. Dies ist in der Tat ein fairer Austausch für die Pflanzen, die es auf seiner Suche nach Nahrung zerstört.

Einschließlich der Insektenfresser und Chiropteren

Diese Gruppe unterscheidet sich von anderen Tieren dadurch, dass sie in beiden Kiefern Eckzähne haben. Die Funktion dieser Zähne besteht darin, andere Tiere zu fangen und festzuhalten, denn Fleischfresser sind die Raubtiere. Dies ist der am weitesten entwickelte Zweig der Tierwelt und erreicht den Höhepunkt der Spezialisierung beim Menschen, dem zwar einige der körperlichen Fähigkeiten der anderen Raubtiere fehlen, er aber ein Gehirn entwickelt hat, das es ihm ermöglicht hat, die Vorherrschaft über alle anderen Tiere zu erlangen und zu behalten . Zu der Gruppe in diesem Buch gehören zwei weitere Ordnungen, die Insektenfresser und die Chiroptera . Diese Ordnungen umfassen die Säugetiere in Nordamerika, die hauptsächlich von Würmern oder Insekten und nicht von anderen Säugetieren leben. Sie sind Spitzmäuse bzw. Fledermäuse.

Da Fleischfresser Jäger und nicht Gejagte sind, verfügen sie über eine weitaus größere Mobilität als beispielsweise die Nagetiere. Es ist nicht notwendig, dass sie einen Bau haben, in dem sie den Angriffen anderer Tiere entkommen können, denn es ist ungewöhnlich, dass sie sich gegenseitig jagen. Die meisten Raubtiere bleiben in einem Gebiet nur aus freien Stücken oder, im Falle erwachsener Weibchen, zur Aufzucht der Jungen. Nur wenige von ihnen halten Winterschlaf; Bären und Stinktiere verbringen bei kaltem Wetter eine beträchtliche Zeit in Erstarrung, aber es ist bestenfalls ein unruhiger Schlaf, wie jeder bestätigen kann, der diese Tiere zu dieser Zeit gestört hat. Was die Chiroptera betrifft, so halten einige Fledermausarten Winterschlaf, andere ziehen zum Überwintern in wärmere Klimazonen. Da die meisten Raubtiere den ganzen Winter über aktiv sind, während sich viele Nagetiere im Winterschlaf befinden, kann dies für Fleischfresser eine Hungersnot sein. Gleichzeitig ist es eine Jahreszeit mit erhöhter Gefahr für die noch aktiven Arten, die von diesen Raubtieren gejagt werden.

Da diese Jäger ständig auf der Jagd nach anderen Tieren sind, sind ihre Lebensräume ebenso vielfältig wie die ihrer Beute. Somit ist der Berglöwe ein Geschöpf des Randfelsens, wo er Hirsche am leichtesten auf Bergmahagonibäumen finden kann; während sein kleinerer Cousin, der Rotluchs, kleinere Tiere im Hang-Chaparral verfolgt. Die Wildhunde jagen Ebenen und Buschland nach Erdhörnchen und Kaninchen. In der Familie der Wiesel finden wir den Marder in den Baumwipfeln, der Eichhörnchen jagt, das Wiesel, der Mäuse auf der Wiese jagt, und Nerze und Otter, die ihre Beute in der Nähe oder im Wasser jagen. Einige Arten, wie zum Beispiel der Bär, sind Allesfresser und können fast überall angetroffen werden überall dort, wo es reichlich Nahrung jeglicher Art gibt. Praktisch alle Arten, mit Ausnahme von Fledermäusen und Stinktieren, können sowohl als tag- als auch nachtaktiv betrachtet werden, die meisten sind jedoch in den Stunden zwischen Dämmerung und Sonnenaufgang am aktivsten.

Da der Zweck der Fleischfresser im Plan der Natur darin besteht, die Gemüsefresser zu kontrollieren, muss jedes Raubtier der Art, die es jagt, körperlich oder geistig oder beides etwas überlegen sein. Die Assoziationen zwischen Verfolger und Verfolgten können bei Arten wie dem Kojoten, der eine große Anzahl kleinerer Arten erbeutet, zufällig sein, oder sie können scharf definiert sein, wie beim Luchs, der an bestimmten Orten fast ausschließlich auf den Schneeschuhhasen als Nahrung angewiesen ist . Die offensichtliche Wildheit, mit der manche Raubtiere nicht nur genug für eine Mahlzeit, sondern viel mehr töten, als sie brauchen, kann bisher nicht erklärt werden. Diese Angewohnheit ist in der Familie der Wiesel am stärksten ausgeprägt. Es kann sein, dass im Falle ihrer Wirtsart, in den meisten Fällen Nagetieren, mehr als nur eine gewöhnliche Bekämpfung erforderlich ist. Was auch immer der Grund sein mag, dieses mutwillige Töten hat das Gleichgewicht, das diese Arten aufrechterhalten, nicht gestört. Der Mensch, das rücksichtsloseste und intelligenteste Raubtier von allen, ist die einzige Spezies, der es gelungen ist, andere auszurotten.

Die Raubtiere nehmen in der Wertschätzung der meisten Naturforscher einen bevorzugten Platz ein. Mitgefühl für die Schwachen und Empörung über die Starken sind zunächst einmal völlig natürliche menschliche Gefühle. Während die Notwendigkeit der Kontrolle und die wunderbare Art und Weise, wie die Natur ein Gleichgewicht herstellt, deutlich werden, wird die Rolle des Raubtiers vom Schüler immer mehr geschätzt.

Berglöwe
***Felis concolor* (lateinisch: eine Katze derselben Farbe;
bezieht sich zweifellos auf die sanfte Verschmelzung
der Körperfärbung)**

VERBREITUNGSGEBIET : Derzeit hauptsächlich auf den Westen der Vereinigten Staaten und Kanada sowie ganz Mexiko südlich bis zur Südspitze Südamerikas beschränkt. In Florida gibt es eine Reihe von Berglöwen, und anhaltende Berichte deuten darauf hin, dass sie möglicherweise in einer Reihe anderer östlicher Staaten ein Comeback erleben.

LEBENSRAUM : Wie aus dem Verbreitungsgebiet hervorgeht, sind die Lebensräume sehr unterschiedlich. Berglöwen im Südwesten bevorzugen das Randgesteinsgebiet in der Übergangslebenszone oder höher, werden jedoch häufig in allen Lebenszonen gesehen.

BESCHREIBUNG : Eine riesige, gelbbraune Katze mit langem, schwerem Schwanz. Der lange Schwanz ist ein Feldzeichen zur Identifizierung der Jungtiere, die mit ihrem gefleckten Fell ansonsten bis zu einem gewissen Grad jungen Rotluchsen ähneln. Gesamtlänge 72 bis 90 Zoll. Schwanz 30 bis 36 Zoll. Gewicht 80 bis 200 Pfund. Die Farbe des größten Teils des Körpers kann von gelbbraun bis bräunlichrot variieren, wobei die Unterseite heller ist. Der Kopf und die Ohren erscheinen im Verhältnis zum schlanken, muskulösen Körper klein. Die Zähne sind groß, wobei die Eckzähne besonders massiv sind. Wie die meisten Mitglieder der Katzenfamilie hat der Berglöwe große Füße mit langen, scharfen Krallen. Die Spuren zeigen den Abdruck von vier Zehen zusammen mit einem großen Polster in der Mitte des Fußes. Die Jungen können zu jeder Jahreszeit geboren werden. Alle zwei bis drei Jahre kommt nur ein Wurf zur Welt, die durchschnittliche Zahl der Jungen liegt bei drei.

Wahrscheinlich gibt es in der Neuen Welt keine Säugetierart, die in ihrer weiten Verbreitung mit dem Berglöwen vergleichbar ist. Vom Yukon bis nach Patagonien kann dieser schwer fassbare Fleischfresser trotz aggressiver Kampagnen gegen ihn immer noch in beträchtlicher Zahl gefunden werden. In den Vereinigten Staaten ist sie der Hauptvertreter der Wildkatzen, einer Gruppe, die für ihre wilden und räuberischen Gewohnheiten bekannt ist. Wer eine dieser tollen Katzen in freier Wildbahn sieht, kann sich wirklich glücklich schätzen. Dies ist möglicherweise nicht so schwierig, wie man es sich vorstellen könnte, da Berglöwen oft durch vergleichsweise gut besiedelte Gebiete reisen. Dies ist insbesondere im Südwesten möglich, da das von diesem Buch abgedeckte Vier-Staaten-Gebiet die größte Berglöwenpopulation in den Vereinigten Staaten beherbergt. Allerdings hat die verhältnismäßige Häufigkeit dieses Fleischfressers nicht zu einem besseren Verständnis davon geführt. Der Berglöwe ist immer noch eines der am wenigsten bekannten und am meisten verunglimpften Lebewesen unserer Zeit.

Berglöwe

Die Mexikaner kennen diesen Kosmopoliten als „ Leon ". In Brasilien heißt es „Onca". Der vielleicht bedeutendste Name und der erste in der Geschichte der Neuen Welt ist „Puma", den ihm die Inkas gegeben haben. Die frühen amerikanischen Siedler der Ostküste nannten es „Panther", „Maler" und „Katamount". Im Nordwesten der USA ist er als „Cougar" und im Südwesten als Berglöwe bekannt. Obwohl es nur eine Art *concolor gibt* , gibt es eine Reihe von Unterarten. Mittlerweile sind etwa 15 bekannt, die meisten davon sind geografische Rassen und unterscheiden sich nicht wesentlich von der Art. Vier dieser Unterarten kommen in den vier Staaten vor, mit denen wir uns befassen. Einer der interessantesten ist *Hippolestes* , der im Bundesstaat Colorado lebt. Aus dem Griechischen übersetzt bedeutet dies „Pferdedieb", ein passender Beiname für diesen geisterhaften Plünderer. Wie aufgrund ihrer weiten Verbreitung zu erwarten ist, verfügen die verschiedenen Unterarten über eine enorme vertikale Reichweite. Im Südwesten findet man sie von nahe dem Meeresspiegel im Südwesten Arizonas bis zu den Gipfeln der höchsten Gipfel in Colorado.

In den mehr als vier Jahrhunderten, die vergangen sind, seit der weiße Mann zum ersten Mal den Boden der Neuen Welt betrat, hat sich eine große Menge an Folklore über den Berglöwen angesammelt. Halb Fakt, halb Fiktion, diese Geschichten wurden von Generation zu Generation wiederholt und nur wenige Details gingen bei der Erzählung verloren; Tatsächlich wurden in den meisten Fällen mehrere hinzugefügt. Am häufigsten sind diejenigen, die seine Wildheit und seine Angriffe auf den Menschen beschreiben. Im Großen und Ganzen sind diese Geschichten reißerisch und überzeugend, aber sie halten einer wissenschaftlichen Prüfung nicht stand. Es ist wahr, dass es solche Angriffe gegeben hat; Einer der jüngsten und am besten bestätigten Fälle ereignete sich im Jahr 1924 bei einem 13-jährigen Jungen in Okanogan County, Washington. Dabei kam es zum Tod und zur teilweisen Verschlingung des unglücklichen Jugendlichen. Doch so sensationell dieser Vorfall auch war, er sorgte für eine Publizität, die in keinem Verhältnis zu seiner Bedeutung stand. Tatsächlich erscheinen immer noch in regelmäßigen Abständen Artikel zu diesem Fall. Die Wahrheit ist, dass es in den Vereinigten Staaten nur sehr wenige authentische Fälle von Angriffen von Berglöwen auf Menschen gegeben hat und dass die meisten dieser Fälle durch die Tollwut des Berglöwen verursacht worden sein *könnten*. Sicherlich sind solche Angriffe kein typisches Verhalten eines normalen Tieres. Soweit es den Menschen betrifft, ergreift der Löwe die Flucht, wann immer es möglich ist, und selbst wenn er in die Enge getrieben wird, ist er bei weitem nicht so kampflustig wie sein kleiner Cousin, der Rotluchs.

Andere Geschichten über den Berglöwen betonen oft die markerschütternden Schreie, mit denen er seine Pirsch nach einer unglücklichen Person tief im Wald einleitet. Tatsache ist, dass es keinen Grund zu der Annahme gibt, dass Löwen nicht schreien können oder können, aber die meisten Experten sind sich einig, dass solche lautstarken Äußerungen höchstwahrscheinlich von einem alten Mann kommen , der seine Geliebte umwirbt oder einen Rivalen abschreckt. Die Katzen sind heimliche und listige

Geschöpfe, die so lautlos wie möglich an ihre Beute heranschleichen. Löwen würden ihre Anwesenheit kaum mit den Schreien ankündigen, die ihnen zugeschrieben werden. Man kann mit Sicherheit sagen, dass mindestens 90 Prozent dieser angeblichen Schreie auf Eulen oder verliebte Rotluchse zurückzuführen sind. Oft wurden diese Geräusche mit großen Spuren in der Nähe in Verbindung gebracht, die als Beweis dafür dienten, dass ein Berglöwe in der Gegend war. Dies hat einen Autor zu der Bemerkung veranlasst, dass „der Zeuge normalerweise nicht in der Lage ist, die Spur eines großen Hundes von der eines Berglöwen zu unterscheiden." Darüber hinaus deuten die seltenen Schreie gefangener Berglöwen darauf hin, dass solche Geräusche in der Natur alles andere als spektakulär wären. Sie bestehen aus einem Geräusch, das eher einem Pfeifen ähnelt als dem dämonischen Heulen, das dem wilden Tier so oft zugeschrieben wird.

Viele Geschichten erzählen von einer Person, meist einem Vorfahren der Pioniere, der von einem Berglöwen gefolgt wurde. In den meisten Fällen ist diese Person angemessen bewaffnet und mit Zeugen in die Gegend zurückgekehrt, die zusammen mit denen ihres Freundes Spuren des Tieres gefunden haben. Seltsamerweise sind solche Vorfälle keineswegs ungewöhnlich. Sie wurden mehrfach aufgezeichnet und überprüft. In diesen Fällen hat das Tier oft keine Anstalten gemacht, sich zu verstecken, sondern ist der Person ganz offen gefolgt. Trotz dieser Kühnheit scheint es kein finsteres Motiv zu geben, sondern lediglich eine naive und überraschende Neugier der Raubkatze, was für ein Geschöpf der Mensch ist. Es ist sehr bedauerlich, dass in diesen Fällen so wenige Daten erfasst wurden, doch ist dies unter den gegebenen Umständen durchaus verständlich.

Schließlich gibt es in den meisten Geschichten nur eine Größe von Berglöwen – groß! Während die Geschichte ihre Runde macht, wird der Löwe nie kleiner; es wird immer größer. Irgendwie sind den Rekorden all diese wirklich großen Löwen entgangen. Jeder Löwe, der mehr als 8 Fuß lang und 200 Pfund schwer ist, ist ein extrem großer, alter Mann in der Rekordklasse. Der Durchschnitt wird viel kleiner sein. Statistiken zeigen, dass die meisten Löwen 5 bis 7 Fuß lang und 80 bis 130 Pfund schwer sind (ausgewachsene Weibchen) und 6 bis 8 Fuß lang und wiegen 120 bis 200 Pfund (ausgewachsene Männchen). Fehler bei der Schätzung der Größe dieser Großkatzen lassen sich leicht erklären. Erstens ist der Löwe ein langes, niedriges, schlankes Geschöpf, das den Eindruck erweckt, länger zu sein, als es ist. Außerdem wird seine Größe von vielen Menschen unbewusst überbewertet, die von seiner enormen Kraft und Beweglichkeit beeindruckt sind . Viele seiner Krafttaten scheinen für ein so kleines Tier unmöglich zu sein. Schließlich kann auch die gegerbte Haut vermessen werden. Tatsächlich beweist dies nichts; Oftmals sind die Häute zum Zeitpunkt der Häutung des Tieres um 60 cm oder mehr gedehnt, und durch das Gerben schrumpfen sie nicht nennenswert.

Nichts davon soll in irgendeiner Weise den Ruf des Berglöwen oder seinen Platz in der amerikanischen Folklore beeinträchtigen. Es ist das drittgrößte Raubtier im Südwesten und wird nur vom Jaguar und dem Bären an Größe und an Beweglichkeit übertroffen. In der Vergangenheit wurde es von denen gefürchtet und gehasst, deren Herden unter seinen Verwüstungen gelitten haben. Ihre Bemühungen, ihn auszurotten, führten zeitweise zu schwerwiegenden biologischen Problemen, aber im Lichte fortgeschrittenerer Studien scheint es wahrscheinlich, dass dieser große Fleischfresser in Zukunft verschont bleibt, um seinen rechtmäßigen Platz in unseren wilderen Gebieten zu behalten.

Der Berglöwe „geht mit dem Hirsch"; Das heißt, seine Funktion besteht darin, die Hirsche in Schach zu halten, damit sie ihr Weidegebiet nicht auffressen und verhungern. Auch wenn eine solche Möglichkeit auf den ersten Blick nicht in Frage kommt, ist sie in den letzten Jahren zu einem ernsten Problem geworden. Es wird noch intensiver, da das geeignete Wildgebiet mit dem Fortschreiten der Zivilisation immer eingeschränkter wird. Eine weitere Funktion der Berglöwen-Hirsch-Beziehung besteht darin, kranke und minderwertige Individuen auszusortieren, damit die Hirschherde gesund und auf einem guten körperlichen Niveau bleibt. Man könnte argumentieren, dass mit der Jagd dasselbe Ziel erreicht wird, und das ist auch der Fall, mit einer großen Ausnahme. Der Nimrod, der einen schönen Trophäenkopf haben will, nimmt den Bock in der Blüte seines Lebens, zu einer Zeit, in der er eigentlich die Herde der Zukunft zeugen sollte . Der Puma wählt seine Opfer nicht bewusst aus; Es nimmt die am leichtesten zu fangenden Tiere und lässt so die klügsten und gesündesten Überlebenden als Zuchttiere übrig.

Obwohl Hirsche die bevorzugte Nahrung des Löwen sind, werden viele andere Säugetierarten gejagt, wenn es nur wenige Hirsche gibt. Ihre Größe reicht vom kleinsten Nagetier bis hin zu so großen Tieren wie Elchen. Zu den unwahrscheinlicheren erfassten Arten gehören Stinktier und Rotluchs. Der Löwe hat auch den zweifelhaften Ruf, einer der größten Raubtiere des Stachelschweins zu sein. Das Essen dieser letzten Art ist jedoch mit Gefahren behaftet, denn egal, wie fachmännisch der Kadaver von seiner stacheligen Hülle befreit wird, ein paar Stacheln dringen in das Fleisch des Essers ein. Außer Säugetieren werden nur wenige Beutetiere gefangen. Vögel können von einem so großen Tier nicht leicht gefangen werden, und obwohl es Wasser nicht scheut, ist es für die Aufnahme jeglicher Art von Wasserlebewesen schlecht gerüstet. Der Berglöwe frisst kein Aas, außer unter den schlimmsten Umständen, und bevorzugt Futter, das er selbst getötet hat.

Es gibt zwei Hauptmethoden, mit denen der Berglöwe seine Beute fängt. Die Anschleich- und Sprungtechnik der gewöhnlichen Hauskatze ist in Buschland am effektivsten, wo der Löwe durch die tiefe Hocke seine Masse hinter der dichten Bodenbedeckung platziert. Mit zuckender Schwanzspitze kriecht es vorwärts, bis es nach einem kurzen Anlauf durch die Feder oder die Feder allein an die Vorderflanke des ahnungslosen Opfers getragen wird. Wenn das Genick des Gejagten durch den Aufprall des schweren Körpers nicht gebrochen wird, werden die scharfen Krallen oder massiven Eckzähne eingesetzt, um die Halsschlagader aufzureißen und den Kampf zu beenden. Bei der anderen Jagdmethode wählt der Löwe einen Felsvorsprung oberhalb einer Wildspur und wartet dort einfach, bis ein Tier, das ihm gefällt, unten vorbeikommt. Das Gewicht seines Körpers reicht normalerweise aus, um das Opfer zu Boden zu tragen, und es wird bald erledigt. Berglöwenstudien in Kalifornien haben ergeben, dass das Tier bei der Jagd auf Hirsche jeden dritten Versuch fängt. Schätzungen zufolge tötet jeder Berglöwe in einem

Gebiet mit hohem Hirschbestand jede Woche einen. Es ist interessant festzustellen, dass an vielen Orten im Südwesten die Zahl der Hirsche zunimmt, was darauf hindeutet, dass mehr Raubtiere benötigt werden, um ihre Zahl niedrig zu halten.

Da der Berglöwe nur wenige Feinde hat, ist seine Reproduktionsrate gering. In jedem Wurf werden zwei bis vier Kätzchen geboren, meist jedoch im Abstand von zwei bis drei Jahren. Höhlen liegen manchmal tief zwischen den Felsen; andere sind möglicherweise nicht mehr als ein Grasnest im Gebüsch auf einem felsigen Bergrücken. Wie Hauskätzchen werden die Jungen blind geboren. Sie haben bei der Geburt ein interessantes Farbmuster, ein stark geflecktes Fell und einen leicht beringten Schwanz. Dies verschwindet vollständig, wenn sie etwa zur Hälfte ausgewachsen sind, und hinterlässt das gelbbraune, rötliche Fell, das sich so gut in die Umgebung einfügt. Sie reifen im Alter von etwa 2 Jahren; wunderschön entwickelte Killer, die von jedem bewundert werden müssen, der die Methoden verstanden hat, mit denen die Natur die Tierwelt reguliert.

<h3 style="text-align:center">Rotluchs</h3>

Lynx rufus (lateinisch: Name des Tieres und rufus, rötlich)

VERBREITUNGSGEBIET : In weiten Teilen der Vereinigten Staaten und Mexiko verbreitet. Im gesamten Südwesten zu finden.

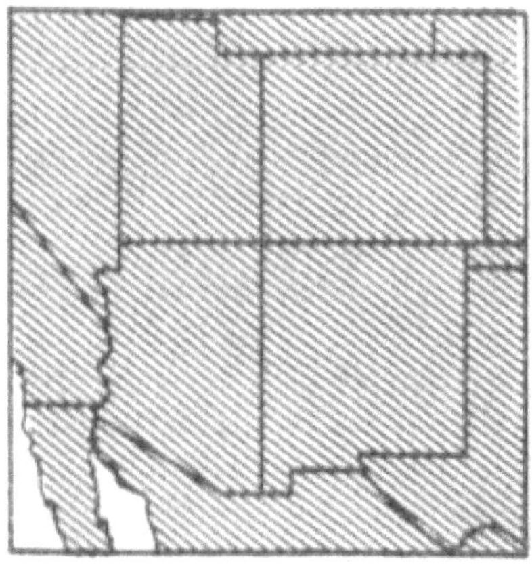

LEBENSRAUM : Diese häufig vorkommende Art kommt in allen Zonen vor, wo ausreichend Deckung vorhanden ist, um sie zu verstecken.

BESCHREIBUNG : Ein Rotluchs unterscheidet sich vom Luchs durch kleine Ohrenbüschel, eine rötlichere Farbe und ein schwarzes Band, das nur die Oberseite der Schwanzspitze kreuzt. Gesamtlänge 30 bis 35 Zoll. Schwanz 5 Zoll. Gewicht 15 bis 30 Pfund. Dies ist ein stämmiges Tier mit langen, muskulösen Beinen und großen Füßen. Die Seiten des Gesichts sind stark schwarz gestreift, die Rückseite der Ohren ist dunkel, das Fell ist oben im Allgemeinen gelbbraun bis rötlich, die Unterseite ist heller. Dunkle Flecken sind im gesamten Fell deutlich sichtbar, die Innenseiten der Vorderbeine sind oft dunkler gefärbt. Jungtiere im Alter von zwei bis sechs Jahren, normalerweise im zeitigen Frühjahr geboren; nur ein Wurf pro Jahr.

Dies sind die im Südwesten am häufigsten vorkommenden Wildkatzen. Ihre Verbreitung in den Vereinigten Staaten weist ein merkwürdiges Muster auf, da sie in mehreren Bundesstaaten des Mittleren Westens und Südostens sowie in einem großen Gebiet in Zentralmexiko nicht zu finden sind. Insgesamt gibt es in Nordamerika ein Dutzend Unterarten des *Lynx rufus* . Sie sind zähe kleine Raubtiere und gehören zu den letzten, die sich vor dem Vormarsch der Zivilisation zurückziehen. Tatsächlich findet man sie häufig am äußersten Rand unserer größeren Städte, wo sie sich von den Ratten ernähren, die die städtische Mülldeponie befallen.

In den wilderen Gebieten, in denen der Rotluchs heimisch ist, unterscheiden sich seine Spuren nur durch ihre geringere Größe von denen der größeren *Felidae* . Wie die größeren Mitglieder der Katzenfamilie ist sie mit starken, einziehbaren und extrem scharfen Krallen ausgestattet. Obwohl an jedem Vorderfuß fünf Zehen und an den Hinterfüßen nur vier Zehen vorhanden sind, sind die Laufbahnen beider Füße ähnlich. Dies liegt daran, dass die fünfte Zehe, die unserem Daumen entspricht, so weit oben an der Innenseite des Vorderbeins liegt, dass sie normalerweise den Boden nicht berührt. Bei normaler Fahrt befinden sich die Klauen immer in der eingefahrenen Position und sind nie in den Schienen sichtbar. Alle einheimischen Katzen neigen dazu, ihre Hinterpfoten in die von den Vorderpfoten hinterlassenen Spuren zu setzen, so dass es sich bei jeder Spur um einen Doppelabdruck handelt. Dies könnte einer der Gründe dafür sein, dass die Annäherung einer Katze so leise ist!

Rotluchs

Rotluchse haben zahlreiche Gemeinsamkeiten mit ihrem Verwandten, *dem Lynx canadensis* (der in diesem Buch wegen seiner extremen Seltenheit im Südwesten nicht behandelt wird), sind jedoch hinsichtlich ihres Ernährungsgeschmacks vielseitiger. Während der Luchs so stark vom Schneeschuhhasen abhängig ist, dass seine Population stark schwankt mit der seines „Wirts" übereinstimmt, hat der Rotluchs einen viel weniger anspruchsvollen Appetit. Es liebt auch Schneeschuhhasen und Kaninchen, nutzt aber als Gelegenheit auch verschiedene andere Säugetiere und bodenlebende Vögel. Rotluchse fressen sogar Aas, bevorzugen aber frisches Fleisch. Es wird zuverlässig berichtet, dass sie Stachelschweine, junge Gabelböcke, Hirsche und Schafe, sowohl Dickhorn- als auch Hausschafe, fressen; und manchmal töten sie erwachsene Hirsche, obwohl dies ein schwieriger und gefährlicher Vorgang ist. Normalerweise ist eine Beute zumindest teilweise mit Trümmern bedeckt, und die Katze kehrt mindestens einmal zurück, um erneut daran zu fressen.

Obwohl Rotluchse die am wenigsten spektakulären unserer einheimischen Katzen sind, sind sie am zahlreichsten und am gleichmäßigsten verteilt. Zusammengenommen könnten sie im Masterplan der Natur von größerer Bedeutung sein, als uns bewusst ist. Ihre Rolle könnte im Laufe der Zeit aufgrund der zunehmenden Seltenheit größerer Katzenarten sogar noch an Bedeutung gewinnen.

roter Fuchs
Vulpes fulva (lateinisch: ein Fuchs ... Fulva, was tiefgelb oder gelbbraun bedeutet)

VERBREITUNGSGEBIET : Im größten Teil Nordamerikas nördlich der mexikanischen Grenze zu finden. Ausnahmen in den Vereinigten Staaten bilden Gebiete im Südosten und in der Mitte der Staaten sowie Wüstenteile im Südwesten.

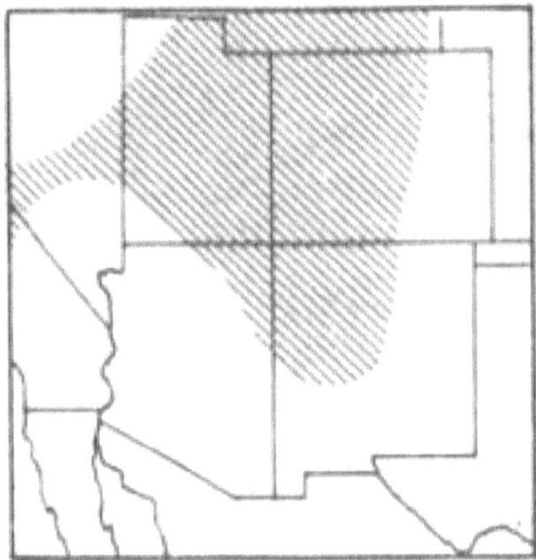

LEBENSRAUM : Im Südwesten sind diese Füchse auf bewaldete Berggebiete beschränkt. Sie sind normalerweise in der Transition Life Zone oder höher zu finden.

BESCHREIBUNG : Etwa so groß wie ein kleiner Hund, mit buschigem Schwanz und weißer Spitze. Gesamtlänge 36 bis 40 Zoll. Schwanz 14 bis 16 Zoll. Gewicht 10 bis 15 Pfund. Neben dem Typ weist dieser Fuchs mindestens zwei klar definierte Farbphasen mit vielen Zwischenformen auf. Diese werden gesondert betrachtet. Eine typische westliche Form des Rotfuchses ist eher gelb als rot. Das hellste Rot wird eine rötliche Mittellinie sein, die über den Rücken verläuft. Dieser verblasst an den Rändern zu einem ockerfarbenen Gelb und geht an den Seiten in ein helleres Gelb über. Der Schwanz ist meist dunkelgelb mit schwarzen Grannenhaaren und immer einer weißen Spitze. Die Unterseite ist hellgelb bis weiß. Die Vorderseiten der Füße und Unterschenkel sowie die Rückseiten der Ohren sind immer sehr dunkel bis schwarz. Das Unterfell ist bleifarben. Der Kopf ist klein mit großen Ohren, gelblichen Augen mit elliptischen

Pupillen, schmaler Nase und schmalem Kiefer. Die Jungen, vier bis sechs in einem Wurf, werden früh im Sommer geboren und es kommt jedes Jahr nur ein Wurf zur Welt.

Die westliche Form des Rotfuchses könnte treffender als „Gelbfuchs" bezeichnet werden, da er definitiv eher gelb als rot ist. Um die Verwirrung noch zu verstärken, hat der Graufuchs, *Urocyon cinereoargenteus* , des Westens normalerweise mehr gutes Rot im Fell als der Rotfuchs. Allerdings ist der Graufuchs ein Bewohner der Wüste und kommt nicht oft in den vom Rotfuchs bevorzugten Höhenlagen vor. Darüber hinaus ist die Schwanzspitze schwarz; Dies trennt die beiden Arten definitiv auf den ersten Blick. Die Unterschiede in den Farbphasen innerhalb der Rotfuchsgruppe sind ausgeprägter und haben viele Menschen dazu veranlasst, sie als separate Arten zu betrachten. Die beiden unterschiedlichsten Arten dieser Sorten sind als „Kreuzfuchs" und „Schwarzfuchs" oder „Silberfuchs" bekannt.

Der Begriff „Kreuzfuchs" bezieht sich weder auf die Veranlagung des Tieres noch darauf, dass es sich um eine Hybridsorte handelt, obwohl er oft gekreuzt oder gemein und keine Hybride ist. Es spielt auf das dunkle Kreuz auf seinem Rücken an. Diese wird durch eine dunkle bis schwarze Mittellinie gebildet, die sich im rechten Winkel mit einem dunklen Band kreuzt, das die Schultern durchquert. Seine Wirkung wird durch beträchtliche Mengen an Grau und Schwarz verstärkt, die mit der normalen gelben Farbe der Seiten gemischt werden. Die langen Haare des Schwanzes sind gelbgrau bis schwarz, wobei der Gesamteindruck dunkel ist, aber wie bei dieser Art ist die Spitze reinweiß. Erwartungsgemäß gibt es viele Abstufungen zwischen dieser Farbphase und dem Typ, von denen einige zu den auffälligsten und schönsten Füchsen der Welt zählen.

Der „schwarze" oder „silberne" Fuchs ist eine melanistische Form des Rotfuchses. In der auffälligsten Form ist es ein glattes, glänzendes Schwarz, wobei die allgemeine Düsterkeit seines Fells durch ein paar silbrig-weiße Grannenhaare aufgelockert wird. Diese sind im Bereich der Schultern, im hinteren Teil des Rückens sowie oben und an den Seiten des Kopfes am dicksten. Obwohl die Unterseite schwarz ist, fehlt ihnen das glänzende „Finish", das auf der Rückseite und an den Seiten so deutlich zu erkennen ist. Auch bei dieser Form ist die Schwanzspitze reinweiß. Dabei handelt es sich um den „Silberfuchs" des Handels, ein Tier, das durch gezielte Züchtung in der Pelzindustrie zum Standard geworden ist. Dennoch handelt es sich bei der schwarzen Farbe um ein rezessives Merkmal, wie die Rückschläge belegen, die bei ansonsten schwarzen Würfen häufig auftreten. Ohne die ständige Wachsamkeit der Züchter würde der „Silberfuchs" bald wieder zur Rarität werden. Das Mendelsche Gesetz kann nicht durch einige Generationen selektiver Züchtung aufgehoben werden.

Die Füchse sind die kleinsten in den Vereinigten Staaten heimischen Eckzähne. Obwohl sie aufgrund ihres langen Fells und buschigen Schwanzes viel größer aussehen, wird der durchschnittliche Rotfuchs nicht schwerer sein als eine große Hauskatze. Diesen Mangel an Größe machen sie jedoch dadurch wett, dass sie sich außerordentlich schnell bewegen. Dadurch sind sie in der Lage, viele der kleinen Säugetiere zu fangen, die Kojoten und Wölfe ausmanövrieren. Kaninchen gehören zu den größten Säugetieren, mit denen sie zurechtkommen, aber Mäuse, Waldratten, Hechte und Erdhörnchen sind alle ein häufiger Bestandteil ihrer Ernährung. Darüber hinaus erbeuten sie, wann immer möglich, viele große Insekten und am Boden brütende Vögel sowie Eier. Füchse sind nicht so Allesfresser wie Kojoten, aber sie genießen Beeren und Steinfrüchte und plündern manchmal Wassermelonenbeete.

Am interessantesten ist das soziale Leben der Füchse. Die Familie ist eine eng verbundene Einheit, die sich in der Regel erst auflöst, wenn die Jungen gut für sich selbst sorgen können. Füchse sind monogam; das heißt, sie wählen normalerweise ihre Partner fürs Leben. Höhlen können in in den Boden gegrabenen Höhlen oder in tiefen Felsspalten liegen. Sie befinden sich normalerweise an einer Stelle, von der aus man eine gute Aussicht auf das umliegende Gebiet hat. Die Welpen werden ziemlich früh im Frühjahr geboren und spielen im Frühsommer am Höhleneingang herum, obwohl sie sich erst viel später in die Entfernung wagen. Sollte man sich der Höhle nähern, während sich die Jungen darin aufhalten, versucht das Weibchen oft sehr kühn, die Eindringlinge wegzulocken. Sobald die Jungen entwöhnt sind, begleitet das Männchen seinen Partner und bringt ihnen Futter. Im Frühherbst geht die Familie gemeinsam auf die Jagd.

Der Rotfuchs war schon lange vor Äsop ein Symbol für Scharfsinn und List. Dieser Ruf ist zu einem großen Teil wohlverdient, wie man an ihrem hartnäckigen Rückzug angesichts der sie umgebenden Zivilisation erkennen kann. Doch manchmal fragt man sich, ob ihre Weisheit nicht überbewertet wird. Ich erinnere mich an ein altes Weibchen , das jedes Jahr seine Jungen im Mund eines gefliesten Abflusses zur Welt brachte, der ein sumpfiges Stück Land entwässerte, das inzwischen ausgetrocknet war. Das obere Ende der Fliese wurde etwa 15 Fuß unter der Erdoberfläche vergraben. Mein Freund beobachtete die Gegend, bis die Welpen etwa zur Hälfte ausgewachsen waren. Dann blockierte er den Eingang zur Kachel mit einer Kastenfalle und fing sie, während der Hunger sie zum Köder trieb. Dies dauerte mehrere Jahre, und die alte Füchsin schien aus bitterer Erfahrung nie zu begreifen, dass ihr ihre Familie weggenommen werden würde.

roter Fuchs

grauer Wolf
Canis lupus (lateinisch: Hund ... ein Wolf)

VERBREITUNGSGEBIET : Kanada und Alaska nördlich bis zur Nordküste Grönlands. In den Vereinigten Staaten kommt es in drei weit voneinander entfernten Gebieten vor: Oregon, Utah und Colorado sowie New Mexico und Arizona. Es erstreckt sich nach Süden bis in die Hochebenen Mexikos.

LEBENSRAUM : Im Südwesten verlässt der Wolf wie der Kojote die Ebenen, die sein ausgewählter Lebensraum sind, um in dem zerklüfteten Land der Transition Life Zone zu leben.

BESCHREIBUNG : Hundeähnliches Aussehen, aber größer als ein großer Hund. Beim Reisen trägt es seinen kurzen, buschigen Schwanz über der Horizontalen. Der graue Wolf ist fast unglaublich groß. Gesamtlänge 55 bis 67 Zoll. Schwanz 12 bis 19 Zoll. Schulterhöhe 26 bis 28 Zoll. Gewicht 70 bis 170 Pfund. Diese Tiere weisen eine enorme Farbvariation auf, aber das durchschnittliche Individuum sieht einem großen Deutschen Schäferhund sehr ähnlich. Von diesem Durchschnitt aus variieren sie vom fast weißen Fell, das man in Alaska findet, bis zur schwarzen Phase des Rotwolfs in Texas. Der Kopf des Wolfes ist markant. Es hat ein breites Gesicht mit einer breiten, aber kurzen Nase. Die strohgelben Augen haben runde Pupillen. Die Ohren sind kurz und rund und ähneln eher denen eines Hundes als denen eines Kojoten . Die Füße sind im Einklang mit dem Rest des Körpers groß. Die Vorderfüße haben fünf Zehen; Wie bei Hunden üblich, berührt der erste Zeh oder „Daumen" nicht den Boden. Der Hinterfuß hat nur 4 Zehen. Diese Tiere haben eine hohe Reproduktionsrate. Der einzelne Wurf kann jedes Jahr aus 3 bis 4 bis zu 12 Tieren bestehen; Der Durchschnitt wird mit 6 bis 8 angenommen.

Die Verbindung des Wolfes mit dem Menschen ist älter als die aufgezeichnete Geschichte. Als der Mensch zum ersten Mal die Vorherrschaft über andere Säugetiere erlangte, wird angenommen, dass der Wolf der Stammvater des Hundes war. Als Partner des Menschen bei der Jagd half es ihm, das einzige überlegene Tier zu werden, das in der Lage war, es auszurotten. Heutzutage ist der Mensch genau dem nahe gekommen. Von diesen prächtigen Wildhunden leben nur noch wenige in den Vereinigten Staaten. Diese konzentrieren sich hauptsächlich auf den Südwesten, und einige von ihnen sind zweifellos aus Mexiko über die Grenze gekommen. Wahrscheinlich wird die Art in diesem Land bald aussterben, aber die großen Bestände in Alaska und Kanada dürften noch viele Jahre bestehen bleiben.

Ein Großteil der öffentlichen Abneigung gegen Wölfe kommt aus der Literatur. Wer war als Kind nicht von der Gefahr begeistert, die Rotkäppchen umgab, und freute sich über das endgültige Ende des Erzschurken? Lange bevor Zeichentrickfilme die Kinderreime eroberten, waren Kinderbücher auf der Seite, auf der „der große böse Wolf schnaufte und schnaufte und das Haus zum Einsturz brachte", mit Daumenmarkierungen versehen . „Den Wolf von der Tür fernhalten" ist heute ein ebenso bedeutungsvoller Ausdruck wie im 15. Jahrhundert, als das Tier in England ausstarb. Der Wolf war schon immer ein Symbol für rücksichtsloses Nehmen. Die Gattung *Lupinus* (lateinisch: Wolf), eine wunderschöne Pflanzengruppe aus der Familie der Erbsengewächse, wird so genannt, weil frühe Botaniker dachten, sie würde den Boden berauben. Der „Wolf", der so oft auf Hauspartys anzutreffen ist, gehört zu dieser Klasse. Keine dieser Charakterisierungen vermittelt einen guten Eindruck, und alle spiegeln die Gefühle des Menschen gegenüber dem Wolf wider. Es ist äußerst bedauerlich, dass der Mensch so oft alles verurteilt, was seinem eigenen wirtschaftlichen Fortschritt im Wege steht. Die Natur hat einen Platz für den Wolf, eine spezielle Aufgabe, für die er hervorragend geeignet ist.

In den Tagen vor dem weißen Mann durchstreiften Bisons die westlichen Ebenen in großen Herden, denen ständig Rudel Wölfe und Kojoten folgten. Solange die Bisons dicht beieinander blieben , waren sie relativ sicher, aber wehe den Kranken oder Schwachen, die zurückblieben. Diese wurden schnell abgerissen, und nachdem die Wölfe die erlesensten Portionen gefressen hatten, zogen die Kojoten und Geier für den Rest ein. Als der Weiße den Bison ausrottete, war die Heerschar der Wölfe verschwunden und sie wandten sich dem logischen Ersatz zu: dem Vieh des Weißen. Dies könnte nur ein Ergebnis haben. In der anschließenden Raubtierbekämpfungskampagne wurde ein Keil durch die Wolfspopulation im Südwesten getrieben, wodurch eine Gruppe in Utah und Colorado und eine andere im

Süden von Arizona und New Mexico isoliert blieb. Die letztere Gruppe wird tatsächlich durch die Einwanderung von Wölfen aus Mexiko gebildet. Die Zahl schwankt, da die Tiere je nach den örtlichen Gegebenheiten über die Grenze hin- und herwandern. Während des Ausrottungsprogramms wurde das Verhalten des Wolfes erheblich beeinträchtigt.

Berichte früherer Reisender betonen die ungezwungene Vertrautheit, mit der der graue Wolf ihre Anwesenheit akzeptierte. Als ein Wanderer einen Bison erschoss, setzte sich der Wolf in Reichweite und wartete, bis ihm die schönsten Schnitte abgenommen worden waren. Anschließend zog es für seinen Anteil ein. Seitdem ist der Wolf zu einem der vorsichtigsten und gerissensten unserer Wildtiere geworden. Ausgestattet mit einer ausgeprägten Intelligenz hat es herausgefunden, dass es nur durch völlige Isolation den Methoden entkommen kann, die zu seiner Zerstörung entwickelt wurden. Zu diesem Zweck ist es von der Ebene in die unzugänglicheren Orte in den Bergen vorgedrungen. Nur wenige werden im Südwesten jemals wieder einen Wolf sehen, und ich schätze mich glücklich, diesen grauen Geist der Ebene vor langer Zeit gesehen zu haben und sein tiefes Heulen die Stille einer kalten Winternacht durchbrechen zu hören.

grauer Wolf

Kojote
Canis latrans (lateinisch: Hund ... bellend)

VERBREITUNGSGEBIET : Der Kojote ist im gesamten Südwesten verbreitet.

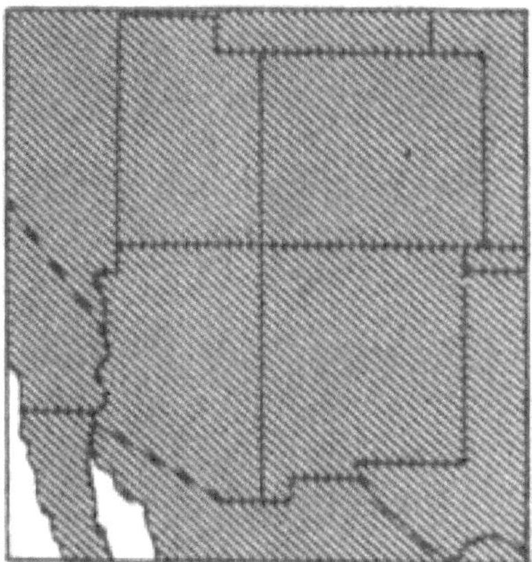

LEBENSRAUM : Dieser kleine Wolf, einst ein Präriegeschöpf, ist heute in allen Lebensbereichen und in vielen verschiedenen Gesellschaften anzutreffen.

BESCHREIBUNG : Aufgrund ihrer vielfältigen Lebensgemeinschaften und ihres großen Klimabereichs gibt es Kojoten in vielen Größen und Farben. Im Allgemeinen ähneln sie einem eher kleinen, schlanken Deutschen Schäferhund mit gelblichen Augen. Ein gutes Feldzeichen ist der buschige Schwanz, der beim Laufen des Tieres tief getragen wird und selten zu irgendeinem Zeitpunkt über die Horizontale hinausragt. Durchschnittliche Gesamtlänge 43 bis 55 Zoll. Schwanz 11 bis 16 Zoll. Farbe gelbbraun bis rötlichgrau mit weißer oder heller Kehle und Brust, dunklen Beinen und Füßen. Auf dem Rücken verläuft normalerweise eine dunkle Mittellinie, und auch der Schwanz ist etwas dunkler als der Körper. Kojoten sind magere Tiere; Obwohl das lange Fell den Eindruck von Sperrigkeit vermittelt, wiegt ein großer Kojote selten mehr als 30 Pfund. Die Spur ähnelt stark der eines mittelgroßen Hundes; Allerdings neigen die Krallenabdrücke dazu, stärker zur Mittellinie hin zusammenzulaufen als die des Haustiers. Kojoten sind mäßig produktiv. Der durchschnittliche Wurf besteht aus 4 bis 6

Welpen, es wurden jedoch auch 11 Welpen registriert. Der beste Hinweis darauf, dass sich Kojoten in einem Gebiet aufhalten, ist ihr „Gesang" am Abend. Sie begrüßen manchmal den Sonnenaufgang, sind aber tagsüber selten zu hören.

Es gibt heute wahrscheinlich mehr Kontroversen über den Status des Kojoten in seiner Beziehung zu anderen Tieren als über den Status jedes anderen nordamerikanischen Säugetiers. Die Lösung des Arguments kann durch einen 10-minütigen Spaziergang durch die Natur gefunden werden. Lebewesen, ob Pflanzen oder Tiere, die sich nicht an die sich verändernden Bedingungen einer langsam sterbenden Welt anpassen können, müssen sterben. Diejenigen, die überleben, tun dies , weil sie eine Mission zu erfüllen haben; Sie müssen von ihrer Umgebung sowohl geben als auch nehmen. Für mich zeigt die beispiellose Fähigkeit des Kojoten, den Kampagnen des Menschen zu seiner Ausrottung standzuhalten, dass dieses Tier ein besonders bevorzugtes Kind der Natur sein muss. Sicherlich wurden viele der subtilen Beziehungen, die es mit seinen Assoziationen unterhält, nie vollständig erforscht und andere wurden nicht entdeckt.

Im Lichte neuerer Studien und unter dem Einfluss hervorragender Dokumentarfilme wird der Platz des Kojoten in der Natur nun in der Öffentlichkeit immer bekannter. Es scheint keinen triftigen Grund zu geben, warum Menschen, die im Allgemeinen Hunde mögen, Gleichgültigkeit gegenüber dem Schicksal dieses kleinen Wolfs zum Ausdruck bringen sollten, der nichts weiter ist als ein wilder Hund, der nach Ansicht der meisten Naturforscher über ein höheres Maß an angeborener List und Intelligenz verfügt als dieser die durchschnittliche Hausrasse. Im Allgemeinen scheint diese Haltung auf ungünstige und meist ungenaue Geschichten zurückzuführen zu sein, die durch Mundpropaganda verbreitet werden. Wenn Sie ein paar Stunden damit verbringen, die wissenschaftliche Literatur über den Kojoten zu lesen , werden viele dieser Volksmärchen widerlegt. Für eine leichtere Lektüre probieren Sie J. Frank Dobies *The Voice of the Coyote* (Little, Brown & Co., Boston 1949) oder *Sierra Outpost* (Duell , Sloan & Pearce, 1941) von Lila Loftberg und David Malcolmson. Diese entzückenden Berichte zeigen den Kojoten als das, was er ist — eines der wichtigeren Lebewesen in der Tiergesellschaft.

Kojote

Als die ersten Weißen über die westlichen Prärien vordrangen, war der Kojote hauptsächlich ein Steppentier. Hier lebte er am Rande der riesigen Bisonherden und wagte es selten, selbst zu töten, sondern teilte mit den Geiern die Überreste, die von denen der großen grauen Wölfe übrig geblieben waren. Bei Kleinwild war es erfolgreicher und erreichte einen starken Einfluss auf die Nagetier- und Kaninchenpopulation. Damals wie heute war der Kojote auch ein Aasfresser und half dabei, die Ebenen von den Kadavern größerer Tiere zu befreien, die eines natürlichen Todes starben. Als die Bisons und Wölfe praktisch ausgerottet waren, zog der Kojote „in die Berge" und ist heute in den höheren Bergen ebenso häufig anzutreffen wie anderswo. Weiter westlich, in den Wüstengebieten, war die Geschichte ähnlich. Mit fortschreitender Zivilisation hat sich der Kojote hartnäckig in die Hügel zurückgezogen, bis sein „Lied" heute in den höchsten Schluchten zu hören ist. Die mittlere Größe und der Allesfresser-Geschmack sind Faktoren, die wahrscheinlich viel mit seinem Erfolg in dieser neuen Umgebung zu tun haben.

Der Kojote liegt etwa auf halbem Weg zwischen dem Graufuchs und dem Grauwolf und ist groß genug, um die großen Hasen zu bezwingen, aber dennoch flink genug, um die kleineren Nagetiere zu fangen , die einen großen Teil seiner Tiernahrung ausmachen. Den Rest liefert eine lange Liste anderer kleiner Lebewesen, die man seltener antrifft, darunter Vögel, Reptilien und Insekten. Nicht weniger abwechslungsreich ist der pflanzliche Anteil seiner Speisen. Beeren, Steinobst, Kaktusfrüchte, verschiedene Kürbisse, einige Kräuter und sogar Gras werden je nach Jahreszeit und Fleischverfügbarkeit in beträchtlichen Mengen gegessen. Neben dieser Nahrung, die man Frischfutter nennen könnte, nimmt der Kojote normalerweise auch Aas zu sich. Dies ist die Grundlage für viele unbegründete Anschuldigungen gegen die Art. Da Kot manchmal fast ausschließlich aus den Haaren so großer Säugetiere wie Hirsche, Elche und Bergschafe besteht, geht man davon aus, dass der Kojote diese Tiere tötet. Tatsächliche Aufzeichnungen über solche Vorkommnisse sind selten; Der Kojote ist nicht für so großes Wild gebaut. Die Natur hat vorgesehen, dass dies das Revier des grauen Wolfs ist. Sollte es zu einem solchen Raub durch Kojoten kommen, würde zweifellos ein anderer Faktor das Gleichgewicht bald wiederherstellen. Die Naturgesetze sind genauso eindeutig wie die der menschlichen Gesellschaft und werden weitaus strenger durchgesetzt.

Das Familienleben dieser intelligenten Wesen ist in seinen Variationen interessant. Keine zwei Paare folgen einem vorgegebenen Muster. In der Regel paaren sich Kojoten wie Wölfe ein Leben lang; Sollte jedoch einer getötet werden, wird der andere normalerweise einen anderen Partner suchen. Die Zucht findet im zeitigen Frühjahr statt, etwa 60 bis 65 Tage später folgt die Geburt eines Wurfs mit bis zu 11 Welpen. Die Höhle befindet sich normalerweise am Ende eines in weiche Erde gegrabenen Baus in der Nähe eines Aussichtspunkts, von dem aus man die Umgebung überblicken kann. Seltener wird die Höhle in einer Felsspalte gewählt, und es wurden einige gefunden, bei denen es sich lediglich um Mulden im Schutz überhängender Sträucher handelt. Während der frühen Lebensphase der Welpen ist es dem männlichen Kojoten nicht gestattet, sich ihnen zu nähern. Später, wenn sie in der Lage sind, feste Nahrung zu sich zu nehmen, bringt er seine Opfergaben in die Nachbarschaft und das Weibchen trägt sie zu den Jungen. Bis die Welpen die Höhle verlassen können, sind beide Elternteile äußerst vorsichtig bei der Annäherung an das Gebiet. Sie kommen normalerweise in Windrichtung , um die Anwesenheit eines Eindringlings zu erkennen. Wenn ein Mensch zu genau nachforscht, werden die Welpen sofort an einen neuen Ort gebracht.

Wenn die Jungen groß genug sind, um aus der Höhle herauszukommen, beginnt eine neue Phase ihrer Existenz. Zuerst spielen sie wie eine Gruppe Collie-Welpen um den Eingang herum und bleiben ab und zu stehen, um mit großen Augen diese wundervolle neue Welt zu betrachten. Bald jedoch macht sich der Wanderinstinkt bemerkbar und sie beginnen, kurze Ausfälle vom Bau weg zu unternehmen. Dies ist die Zeit, mit der die Eltern gerechnet haben. Jetzt können die Jungen aus einem Gebiet weggebracht werden, das mit jedem Tag gefährlicher wird. Die Familie kann nun als Einheit auf die Jagd gehen und die Jungen in die Lebensweise der Kojoten einführen, oder die Mutter kann die Jungen im Umkreis ihres Reviers verteilen und ihnen auf ihren Runden Nahrung bringen. In beiden Fällen lernen sie bald, für sich selbst zu sorgen, und im darauffolgenden Frühjahr sind sie ausgewachsene Tiere.

Im Gegensatz zu seinem größeren Verwandten, dem Grauwolf, der ein großer Wanderer ist, legt der Kojote ein Revier fest und bleibt dort. Mit der Zeit wird er jeden Meter lernen und die kleinsten Veränderungen bemerken. Dies ist von großer Bedeutung, nicht nur, um Attentaten auf ihn zu entgehen, sondern auch, um seinen Magen zu füllen. An den Waldratten, der sich heute Nacht möglicherweise tief in seiner Festung aus Steinen und Ästen aufhält, wird man sich erinnern und ihn morgen erneut anrufen, wenn er auf der Suche nach Pinyonnüssen ist. Der Baumwollschwanz, der letzte Nacht den Buschhaufen erreichte, könnte heute Abend unterwegs abgefangen werden .

Oft teilen sich mehrere Kojoten das gleiche Revier und jagen gemeinsam. Dies gilt insbesondere für ein verpaartes Paar, das Junge füttert. Eine solche Kombination ist besonders wirksam bei der Jagd auf Tiere wie Hasen und, seltener, Gabelböcke. Diese Kreaturen neigen dazu, im Kreis zu laufen, und die Kojoten jagen abwechselnd und ruhen sich aus, bis das Tier erschöpft ist. Dann nähern sich beide dem Töten. Die Jagd auf Gabelböcke birgt jedoch Gefahren, insbesondere wenn ihre Jungen noch klein sind. Es ist bekannt, dass diese Tiere mit scharfen Hufen Kojoten verfolgen und töten.

Es bleibt zu hoffen, dass die unerbittliche Verfolgung des Kojoten bald der Vergangenheit angehört. Die Art nimmt einen wichtigen Platz in der Ökologie des Südwestens ein und kann nicht entfernt werden, ohne den Status ihrer Partner ernsthaft zu beeinträchtigen. Dies ist eine Situation, die von jedem, der sich für Naturgeschichte interessiert, bedauert wird. Es ist undenkbar, dass der Westen diese farbenfrohe Spezies, die so mit ihren Legenden und ihrer Geschichte verwoben ist, verlieren sollte.

Vielfraß
Gulo luscus (lateinisch: mit der Kehle zu tun ... einäugig; halbblind)

VERBREITUNGSGEBIET : Kanada und die hohen Berge von Kalifornien, Utah, Colorado und möglicherweise New Mexico.

LEBENSRAUM : Nahe der Waldgrenze in den entlegensten Gebieten.

BESCHREIBUNG : Ein großes (20 bis 35 Pfund) dunkles Tier, das im Körperbau etwas an einen kleinen Bären erinnert. Gesamtlänge 36 bis 41 Zoll. Schwanz 7 bis 9 Zoll. In der Färbung zeigt der Vielfraß Variationen, jedoch ohne scharfe Kontraste. Der Rücken ist dunkelbraun und geht auf der Oberseite des Kopfes in eine hellere Farbe über. Die Seiten des Körpers sind mit matten gelblichen Bändern gekennzeichnet, die an den Schultern beginnen und sich in der Nähe der Schwanzwurzel vereinen. Die Unterseite ist heller und normalerweise ist die Vorderseite der Brust mit einer „Flamme" oder einem weißen Fleck verziert. Die Beine sind kurz und außergewöhnlich kräftig, die großen Füße sind mit langen, hornfarbenen Krallen bewaffnet. Diese fallen ziemlich deutlich in die Spur ein, die ansonsten ein wenig der eines großen Rotluchses ähnelt. Die

Brutgewohnheiten des Vielfraßes sind nicht genau bekannt, es wird jedoch angenommen, dass sich die Höhle zwischen Felsen in Geröllhalden befindet. Die durchschnittliche Zahl der Jungen wird auf vier oder weniger geschätzt. Sie werden früh im Jahr geboren.

Dieses Säugetier, das größte der Familie der Wiesel, wird möglicherweise nie jemand sehen, der diese Zeilen liest, so selten ist es in den Vereinigten Staaten geworden. Da es sich jedoch um ein so berüchtigtes und wenig erforschtes Tier handelt, es sowohl in Utah als auch in Colorado mehrfach nachgewiesen wurde und seit langem vermutet wird, dass es in New Mexico beheimatet ist, wird es hier aufgeführt. Es wäre in der Tat eine Schande für einen Laien, dieses berühmte Geschöpf zu sehen und sich dieses ungewöhnlichen Glücks nicht bewusst zu sein.

Der Vielfraß war nicht nur für den Weißen, sondern auch für den Indianer ein Objekt der Angst und des Abscheus. Es scheint eines der wenigen Säugetiere zu sein, das sich alle Mühe gibt, Zerstörung anzurichten, und allen anderen Tieren gegenüber, die seine Wünsche stören, ein Zeichen auf der Schulter trägt. Es ist ein geheimnisvolles Geschöpf, dessen Lebensgeschichte wir zu diesem späten Zeitpunkt wahrscheinlich nie vollständig erfahren werden, bevor es ausgestorben ist.

Nordamerika einmarschierten, fanden sie die Objibwa- Indianer vor, die in einer Art Waffenstillstand mit dem Vielfraß lebten. Sie nannten es „Carcajou", ein Begriff, der angeblich vom Algonquin abgeleitet war, und zollten ihm den Respekt, der einem böswilligen Geist gebührt. Ich habe den Chippewa-Namen für das Tier vergessen, aber ich erinnere mich gut daran, dass es als „ Windigo " oder böser Geist galt . Eskimos begehrten seinen Pelz, um ihn als Besatz für die Kapuzen ihrer Parkas zu verwenden. Die langen Schutzhaare schützten das Gesicht vor der bitteren Luft, ohne dass sich Frost ansammelte, und das Unterfell sammelte keinen Schnee und Frost wie andere Pelze.

Vielfraß

Interessant ist der wissenschaftliche Name des Vielfraßes. *Gulo* , der lateinische Begriff für Kehle, bezieht sich zweifellos auf die gefräßigen Gewohnheiten des Tieres. *Luscus* , ebenfalls lateinisch, bedeutet einäugig oder, wie einige Autoren vorschlagen, blind. Dies könnte sich auf die kleinen Augen beziehen, die so tief sitzen, dass sie aus einiger Entfernung fast unsichtbar sind, oder auf den ersten Vielfraß zurückgehen, der aus der Hudson Bay nach Europa gebracht wurde. Dieses Exemplar soll ein Auge verloren haben , und der Name könnte davon abgeleitet sein. Auf jeden Fall ist der normale Vielfraß weder einäugig noch blind.

Die weite Verbreitung des Vielfraßes ist ein bewundernswertes Beispiel dafür, was Lebenszonen bedeuten. Dieselbe Art lebt an der Waldgrenze in den hohen Bergen von Wüstengebieten und kommt auch auf oder nahe dem Meeresspiegel weit nördlich des Polarkreises vor. Es ist gut an diese Umgebung angepasst und verfügt über ein außergewöhnlich dickes und schweres Fell, das nicht so leicht mit Schnee verfilzt. Darüber hinaus wachsen in der Zeit des größten Schneefalls an den Rändern der Füße und Zehen steife Haare, die praktisch wie kleine Schneeschuhe wirken und es dem Tier ermöglichen, sich mit weniger Kraftaufwand fortzubewegen.

Die Ernährungsgewohnheiten des Vielfraßes sind alles andere als selektiv. Da er schwer und schwerfällig gebaut ist, ist es zweifelhaft, ob diesem ungelenken Jäger viele große Wildtiere zum Opfer fallen. Allerdings scheut er sich nicht davor, größere

Raubtiere von ihren Beutetieren zu vertreiben und sie sich anzueignen. Zu solchen Zeiten frisst es so viel es kann und versteckt den Rest für zukünftige Mahlzeiten. Es kehrt an den Fundort zurück, bis die Überreste vollständig verschlungen sind, auch wenn sie zwischenzeitlich verderben. Zu seinen natürlichen Beutetieren zählen Nagetiere, die er aus Höhlen graben kann, sowie bodenbrütende Vögel, denen er auf seinen Reisen begegnet. Es soll einer der wenigen erfolgreichen Raubtiere des Stachelschweins sein. Als Dieb, Raubtier und Aasfresser durchstreift der Vielfraß seine isolierten Gebiete, die von Jägern und Gejagten gleichermaßen gefürchtet werden.

Der Vielfraß ist eines der wenigen Tiere, das offenbar Freude daran hat, Menschen zu belästigen. Obwohl der Raub von Fallen durch Hunger erklärt werden kann, scheinen Diebstahl und Zerstörung der Fallen selbst eine bewusste und kluge Planung zu sein. Dies gilt auch für das Einbrechen und Betreten abgelegener Hütten und die damit verbundene Plünderung ihres Inhalts. Was nicht gegessen werden kann, wird entweder zerbrochen und verunreinigt oder weggetragen und versteckt.

Marder
Martes americana (lateinisch: ein Marder ... Amerika)

VERBREITUNG : Nordamerika von Alaska über den größten Teil Kanadas, von dort durch den Nordwesten der Vereinigten Staaten und südlich nach Kalifornien, Utah, Colorado und New Mexico.

LEBENSRAUM : Normalerweise Nadelwälder der kanadischen Lebenszone bis zur Alpenzone.

BESCHREIBUNG : In den Bäumen wird dieses Tier oft mit einem großen Eichhörnchen verwechselt. Bei näherer Betrachtung ähnelt sie einer Hauskatze mit einem kurzen, buschigen Schwanz. Gesamtlänge 22 bis 27 Zoll. Schwanz 7 bis 9 Zoll. Gewicht 2 bis 4 Pfund. Die Färbung des Marders ist charakteristisch. Der Körper ist schön, weich, gelbbraun, am Rücken, an den Beinen und am Schwanz dunkler. Auf der Brust hellt sich die Farbe zu einem blassen Gelbbraun oder manchmal zu einem ziemlich deutlichen Orange auf. Die Unterseite ist heller als der Rest des Körpers. Das Fell ist äußerst fein und dick. Es zeichnet sich dadurch aus, dass es fast ausschließlich aus Unterfell besteht und nur sehr wenige Deckhaare vorhanden sind. Der Körper ist äußerst anmutig mit relativ langen Beinen und kleinen Füßen. Der Kopf ist klein und weist Gesichtszüge auf, die denen des Wiesels ähneln. Die Ohren sind für ein Mitglied der Wieselfamilie groß und verleihen dem Gesicht ein wachsames Aussehen. Diese Wachsamkeit wird durch die lebhaften Bewegungen dieses Tieres, das in dieser Gruppe das aktivste ist, zusätzlich untermauert.

Der Marder, oft „Baumenmarder" genannt, ist eines der einzelgängerischsten Tiere einer Gruppe, deren Mitglieder gewöhnlich alleine reisen. Vielleicht liegt das daran, dass in dieser Familie von Raubtieren jede Art vollständig in der Lage ist, den Widerstand ihrer gewohnten Beute einzeln und nicht durch zahlenmäßige Gewalt zu überwinden. Vielleicht liegt es auch daran, dass die gesamte Gruppe aus gefräßigen Fressern besteht, die, wenn sie in Rudeln liefen, nicht genug Beute finden könnten, um sie alle ausreichend zu ernähren. Schließlich gibt es in diesem Clan mehrere Arten, die instinktiv weit über den normalen Bedarf hinaus töten. Dies ist eine Praxis, die fast ausnahmslos auf die Mitglieder der Familie der Wiesel beschränkt ist, die Nagetiere erbeuten. Es ist offensichtlich eine der Methoden der Natur, die Nagetierpopulation zu kontrollieren. Um die größtmögliche Effizienz zu erzielen, sollten diese Killer alleine jagen. Diese Faktoren treffen alle in gewissem Maße auf den Marder zu. Das hat zur Folge, dass der Marder, obwohl es in einem Gebiet viele Tiere gibt, in der Regel allein anzutreffen ist, außer für kurze Zeit während der Brutzeit oder wenn es sich um ein Weibchen mit Jungen handelt. Der Mann ist offensichtlich nicht an der Erziehung der Familie beteiligt.

Der Marder war in seinem gesamten Verbreitungsgebiet schon immer mehr oder weniger zahlreich vertreten, und es gibt keinen Grund zu der Annahme, dass er nicht noch viele Jahre lang von aufmerksamen Beobachtern gesichtet werden wird. Sein bevorzugter Lebensraum sind immergrüne Pflanzen in der Nähe der Waldgrenze. Dies ist auch ein Gebiet mit Steinschlägen, und der Marder liebt es, die kleinen Nagetiere zu jagen, die dort ihr Zuhause haben. Tatsächlich teilt er seine Zeit zwischen beiden Lebensräumen auf: Während der Sommermonate jagt er in den Schutthängen und sucht im Winter die Bäume auf, wenn Felsbrocken tief unter dem Schnee vergraben sind. Es ist ein äußerst robustes Geschöpf, das sich nur während der kurzen Sturmperioden, wenn die Jagd nutzlos wäre, in einem verlassenen Eichhörnchen- oder Spechtnest versteckt. Wie zu erwarten ist, ist die Ernährung im Sommer und Winter sehr unterschiedlich. Beide haben jedoch als Grundnahrungsmittel das Fichtenhörnchen, den wichtigen Wirt des Marders, und mögen es ein robustes Tier, das das ganze Jahr über unterwegs ist.

Die Sommerdiät bietet eine große Vielfalt. Auf und im Boden gibt es eine erstaunliche Vielfalt an Arten, die dem Marder im Winter verwehrt bleiben, sei es wegen des Schutzes durch tiefe Schneeverwehungen oder weil er Winterschlaf hält. Darunter sind Hechte, Erdhörnchen, Waldratten, Streifenhörnchen und viele Mäusearten. Im Sommer nimmt der Marder auch Eier und Junge von bodenbrütenden Vögeln. In den Bäumen befinden sich weitere Nester, nicht ausgenommen die des Spechts, in die der Marder seine Vorderpfote steckt und nicht nur mit jungen Vögeln, sondern oft auch mit erwachsenen Vögeln herauskommt. Es ist bekannt, dass Marder große Mengen größerer Insekten fressen, und da sie in Gefangenschaft Früchte und Beeren lieben, besteht kaum ein Zweifel daran, dass sie diese Köstlichkeiten in freier Wildbahn genießen.

Die Winternahrung besteht aus dem Fichteneichhörnchen, ergänzt durch andere kleine Lebewesen, die sich bei kaltem Wetter möglicherweise im Ausland aufhalten. Obwohl es den Anschein hat, dass der Marder unter der Kürzung seines üppigen Sommermenüs leiden könnte, ist das Gegenteil der Fall. Sie bleiben auch unter Wetterbedingungen fett und gesund, die den meisten anderen Raubtieren ernsthaft im Weg stehen würden. Diese Überlebensfähigkeit ist zu einem großen Teil der unermüdlichen Beharrlichkeit und dem großen Geschick bei der Jagd zu verdanken. Darüber hinaus sind nur wenige Lebewesen mit so vielen Anpassungen ausgestattet, um dem langen, kalten Winter standzuhalten.

Marder

Selbst dem zufälligen Beobachter wird klar sein, dass sich der Marder am besten entwickelt hat, um den kalten Bedingungen seines nördlichen Lebensraums gerecht zu werden. Das lange, feinhaarige Winterfell ist extrem warm und verfilzt weder bei Schnee noch bei Frost. Mit einer solchen isolierten Abdeckung eignet sich jeder hohle Baumstamm oder jedes Spechtnest als Ruheplatz. Schnee ist für den Marder das geringste Problem; Es bleibt nicht nur warm in den Schneeverwehungen, sondern bewegt sich mit seinen „eingebauten" Haarschneeschuhen, die auch die Zehenpolster warm halten, problemlos darüber. Die Fährte eines Marders mitten im Winter ist ziemlich verwirrend, da sie keine deutlichen Zehenspuren aufweist, sondern in weichem Schnee nur verschwommene Umrisse darstellt und auf härterem Schnee kaum zu erkennen ist. Wenn man jedoch bedenkt, dass sich dieses Tier ähnlich wie ein Wiesel fortbewegt, das heißt, es springt statt zu gehen, können die größeren Abdrücke dazu dienen, es als Marder zu identifizieren.

So interessant die körperlichen Anpassungen des Marders auch sein mögen, die Reaktion seines Lebens auf die Belastungen eines langen Winters ist nicht weniger faszinierend. Wie bereits betont, ist der Marder ein einzelgängerisches und mehr oder weniger nomadisches Tier. Anscheinend ist die einzige Zeit im Jahr, die für die Brut günstig ist, der Sommer, da dies die einzige Zeit ist, in der Erwachsene beider Geschlechter häufig zusammen anzutreffen sind. Dadurch beginnt ein Fortpflanzungszyklus, der zwar nicht allzu ungewöhnlich, aber ungewöhnlich genug ist, um das Interesse eines Menschen zu wecken. Für die folgenden Informationen bin ich James Campbell aus Hope, Idaho, zu Dank verpflichtet, der viele dieser interessanten Tiere vor Jahren gefangen und großgezogen hat, als das Wissen über sie noch relativ dürftig war.

Kastenfallen wurden verwendet, um den Marder mitten im Winter zu fangen, wenn der Schnee entlang der Fallenlinien 15 bis 25 Fuß hoch lag. Dies geschah auf einer Höhe von bis zu 6.500 Fuß im Panhandle im Norden Idahos. Als man sich einer zugeschnappten Falle näherte, konnte man den empörten Gefangenen hören, wie er seinen Groll knurrte und versuchte, zu entkommen. Ein Mehlsack wurde um den Eingang gelegt und die Tür geöffnet. Der Marder, der das weiße Licht offenbar mit Schnee verwechselte, sprang ausnahmslos in den Sack. Zu diesem Zeitpunkt war große Vorsicht geboten, denn der Marder war normalerweise nass vom Schweiß, weil er in der Falle kämpfte, und wenn man ihn abkühlen ließ, starb er schnell an der Exposition. Der Sack wurde in mehrere andere gesteckt und das Bündel in einen Packsack gelegt und den Berg hinunter getragen, wo der Marder im Haus nach und nach abgekühlt und dann in die Freigehege gebracht wurde. Hier wurden sie bald so zahm, dass sie bereitwillig Futter aus der Hand annahmen und nie so heimtückisch wurden wie ihre unberechenbaren Cousins, die Nerze. Sie liebten Obst und Beeren und mochten besonders Schokoladenbonbons.

Zu Beginn des Vorhabens wurde beobachtet, dass im Winter gefangene Weibchen im April Junge zur Welt brachten. Weitere Beobachtungen ergaben, dass die Brut von Anfang Juli bis Ende August stattfand, dass die Jungen jedoch unabhängig vom Zeitpunkt der Brutzeit im April geboren würden. Die ersten Anzeichen einer Schwangerschaft würden jedoch erst etwa 50

Tage vor der Geburt des Jungen sichtbar. Dies weist darauf hin, dass die Fortpflanzung, wie bei den meisten Fledermäusen im Winterschlaf, in einer Saison stattfindet, die befruchteten Eizellen jedoch ruhen und sich erst dann zu entwickeln beginnen, wenn die Bedingungen für die Geburt der Jungen günstig sind. Dies stellt auch sicher, dass die Kleinen recht früh in der Saison ankommen, sodass sie ausgewachsen in den folgenden Winter starten können. Die Zahl der Jungen schwankt zwischen drei und fünf, meist ist die Zahl geringer.

Keine Beschreibung des Marders wäre vollständig, ohne seine enorme Vitalität zu erwähnen. Auf Bäumen ist es dem Eichhörnchen überlegen, insbesondere bei langen, bogenförmigen Sprüngen, die es von einem hohen Sitzplatz zum anderen macht. Im Winter springt er oft von den Bäumen in weiche Schneeverwehungen, scheinbar aus purer Freude am Sport. Es ist nicht ungewöhnlich, dass Marder offenbar auf der Suche nach Nagetieren weite Strecken durch Schneeverwehungen graben . Ich habe herausgefunden, dass ein im Wald aufgeschreckter Marder normalerweise keine allzu große Angst vor seinem Erzfeind, dem Menschen, hat. Zuerst rennt es weg, aber wenn es zu heftig verfolgt wird, bellt es auf einem niedrigen Ast und gibt ein lautes Zischen und Knurren von sich, während es seine scharfen, weißen Zähne entblößt. Es ist nicht unwahrscheinlich, dass es bei weiterem Druck seinen Peiniger angreifen könnte.

Flussotter
Lutra canadensis (lateinisch: Otter ... von Kanada)

VERBREITUNG : Der größte Teil Nordamerikas südlich bis Zentral-Arizona und New Mexico im Südwesten und südlich bis zum Golf von Mexiko im Osten.

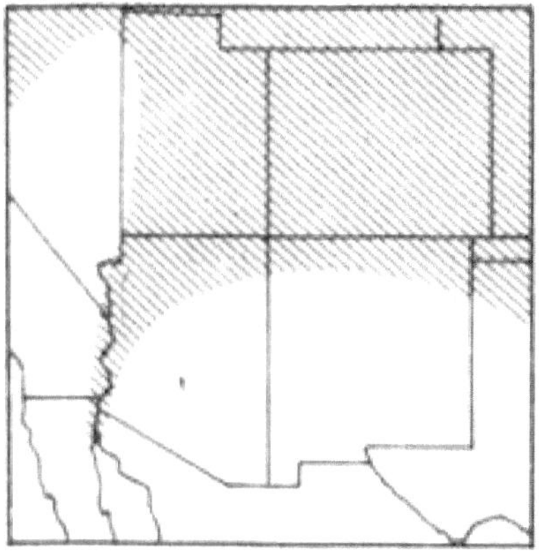

LEBENSRAUM : Entlang und in Süßwasserbächen und Seen.

BESCHREIBUNG : Eine kurzbeinige, stromlinienförmige Kreatur mit einem dicken, spitz zulaufenden Schwanz, die man normalerweise im Wasser sieht. Gesamtlänge 3 bis 4 Fuß. Schwanz 12 bis 17 Zoll. Gewicht bis zu 20 Pfund. Die Farbe ist meist satt dunkelbraun mit einem silbrigen Schimmer an der Unterseite. Hals und Brust sind heller als der Rest des Körpers. Der Otter ist gut an das Wasserleben angepasst und hat einen langen, runden Körper und kurze, muskulöse Beine. Alle vier Füße sind mit Schwimmhäuten versehen. Der Kopf ist lang und rund, mit kurzen Ohren. In der Nähe der eher dicken Nase stechen lange, steife Schnurrhaare hervor. Der Schwanz ist an der Basis dick und der Körper verjüngt sich buchstäblich zum Schwanz hin, was den allgemeinen „Torpedo"-Effekt verstärkt.

Flussotter

Der Otter, der im Südwesten nie zahlreich vorkommt, ist in den letzten Jahren äußerst selten geworden. Dies ist zum großen Teil auf seine hochspezialisierten Gewohnheiten zurückzuführen, gepaart mit der Unfähigkeit, mit dem Menschen bei der Nutzung der wenigen Süßwasserströme und Seen in den Wüstenbergen zu konkurrieren. Dennoch wurde es im letzten Jahrzehnt oft genug registriert, um die Hoffnung zu rechtfertigen, dass es bei sorgfältiger Bewirtschaftung und umfassendem Schutz zu einem Anstieg der Zahl kommen könnte. Das ist sehr zu wünschen übrig, denn der Otter ist in mehrfacher Hinsicht einzigartig unter unseren einheimischen Säugetieren. Diesem sanftmütigen Mitglied der Wieselfamilie fehlen viele der wilden und blutrünstigen Gewohnheiten seiner wilderen Verwandten. Stattdessen ist es sanft, sogar verspielt.

Besonders hervorzuheben ist die Fähigkeit des Otters, Rutschen zu bauen. Dabei handelt es sich wahrscheinlich um nichts weiter oder weniger als eine Verfeinerung der Art und Weise, wie Otter durch die Tules und das rutschige Wattenmeer reisen, wo sie einen Großteil ihrer Zeit damit verbringen, Krebse und kleine Amphibien zu jagen. Das Bemerkenswerte an den Rutschen ist, dass sie anscheinend für einen bestimmten Zweck gebaut wurden, nämlich für den Sport, eine Aktivität, die für die meisten Säugetiere normalerweise eine der unwichtigsten ist. An weichen oder schlammigen Stellen, selbst bei weichem Schnee, gleitet der Otter auf der Brust mit erhobenem Kopf und nachhängenden Vorderbeinen entlang des Körpers. Die Antriebskraft wird durch

Stöße der Hinterbeine bereitgestellt. Übermäßiger Verschleiß an der Unterseite wird durch viele grobe , eng anliegende Oberhaare reduziert , die offenbar genau zu diesem Zweck entwickelt wurden. Die Rutsche selbst ist nur eine schmale Rille von 12 bis 20 Zoll Breite, die über ein steiles Ufer bis zum Wasserrand abgetragen wird. Die nassen Körper der Otter machen es glatt und rutschig, und bald können sie es mit nur einem gelegentlichen helfenden Tritt der Hinterpfoten herunterschießen. Dieses faszinierende Spiel kann stundenlang dauern. Auf den Abstieg folgt oft ein allgemeines Auf und Ab im „Schwimmloch“. Dort ist die Aktion fast zu schnell, als dass das Auge sie verfolgen könnte, da nur wenige Säugetiere dem Otter in puncto Anmut und Geschwindigkeit im Wasser gleichkommen.

So aquatisch der Otter auch ist, er möchte nicht immer nass sein, und das führt zu einer weiteren merkwürdigen Institution in seiner Lebensweise. In der Nähe der Rutsche und normalerweise an mehreren anderen Stellen entlang der Wasserstraße, die von einer Familie dieser entzückenden Geschöpfe frequentiert wird, findet man Bereiche mit einem Durchmesser von mehreren Fuß zwischen trockenen Tulpen oder im hohen Gras, wo sich die Tiere wälzen und sich so trocknen . Dabei handelt es sich offenbar auch um kommunale Nachrichtenzentren, denn in der Nähe solcher Gebiete befinden sich normalerweise Duftpfosten, an denen Otter Duftstoffe aus den Drüsen abgeben, die allen Mitgliedern der Wieselfamilie gemeinsam sind. Bei Ottern scheiden diese Drüsen nicht den hochwirksamen Duft aus, den die Drüsen von Stinktieren und Nerzen produzieren. Dennoch ist er ausreichend „laut“, um mit dem Otter identifiziert zu werden.

Die Höhlen bieten einen großen Kontrast in Lage und Typ. Sie befinden sich normalerweise in der Nähe von Wasser, aber einer wurde mehr als eine halbe Meile vom nächsten Bach entfernt gefunden. Andererseits übernimmt ein Otter oft den verlassenen Bau eines Uferbibers, und der Zugang zu diesem Aufenthaltsort muss über einen Unterwassereingang erfolgen. In vielen Fällen handelt es sich bei der Höhle lediglich um ein Nest in einer dichten Gruppe von Tulpen, das vollständig von Wasser umgeben ist.

Die zwei bis vier Jungen werden im zeitigen Frühjahr geboren. Bei der Geburt sind sie blind, zahnlos und im Vergleich zu ihrer Entwicklung sechs Wochen später erstaunlich hilflos. In diesem Alter beginnen sie, den Bau zu verlassen, und schon bald fühlen sie sich im Wasser ganz wohl. Auch wenn sich das Männchen in der Nähe aufhält, erlaubt ihm das Weibchen nicht, sich den Jungen zu nähern, bis diese halb ausgewachsen sind. Zu diesem Zeitpunkt beginnt die Familie zusammenzuleben, bis die Jungen völlig in der Lage sind, ihren eigenen Weg zu gehen.

Otter haben einen kosmopolitischen Geschmack; Da sie Fleischfresser sind, jagen sie viele Arten. Fisch ist ihre bevorzugte Nahrung, und in den meisten Fällen fangen sie raue Fischarten, die in der Regel langsam und leicht zu fangen sind. Sie sind jedoch durchaus in der Lage, Forellen zu fangen, sollten andere Vorräte ausfallen. In Gefangenschaft lebende Otter ernähren sich nicht nur von Fisch, daher müssen die vielen anderen Kleintiere, die sie jagen, offensichtlich notwendige Ergänzungen zu ihrer Ernährung sein. Dazu gehören Krebse, Frösche, verschiedene Arten kleiner Säugetiere sowie Vögel und Eier, soweit vorhanden.

Die Anwesenheit von Ottern in einem Gebiet ist nicht schwer zu erkennen. Eine Rutsche, ein „Rollplatz" oder eine charakteristische Schwimmspur sind allesamt sichere Anzeichen dafür, dass dieses interessante Tier ein Nachbar ist. Pflegen Sie seine Bekanntschaft, wenn Sie können. Der Otter ist sowohl tag- als auch nachtaktiv, und wenn Sie das Glück haben, dieses fröhliche Tier auf seiner rutschigen Rutsche hinuntergleiten zu sehen, werden Sie bestimmt genauso viel Freude daran haben wie er.

Nerz
Mustela vision (lateinisch: Wiesel ... kraftvoll, kraftvoll)

VERBREITUNGSGEBIET : Das Verbreitungsgebiet des Nerzes ähnelt auffallend dem des Otters, das heißt, es umfasst den größten Teil des nördlichen Nordamerikas und erstreckt sich südwärts bis in den Südwesten der Vereinigten Staaten im Westen und bis zum Golf von Mexiko im Osten.

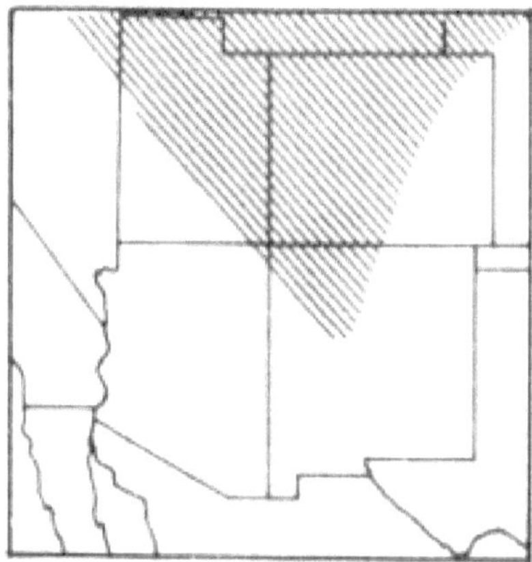

LEBENSRAUM : Dieses semi-aquatische Tier kommt selten weit
entfernt von Süßwasserbächen oder Teichen vor.

BESCHREIBUNG : Der Nerz ist ungefähr so lang wie eine
durchschnittliche Hauskatze, sieht aber viel stromlinienförmiger
aus. Gesamtlänge für Rüden 20 bis 26 Zoll. Schwanz 7 bis 9 Zoll.
Gewicht bis zu 2¼ Pfund. Weibchen sind im Durchschnitt fast
ein Drittel kleiner. Die Farbe ist am größten Teil des Körpers
dunkelbraun, geht an den Seiten in ein helleres Braun über und
verdunkelt sich entlang des Schwanzes zu einer schwarzen Spitze.
Normalerweise gibt es einige unregelmäßige weiße Flecken auf
Brust und Bauch. Der Körper ist lang und rund und verjüngt sich
in den langen, runden Hals. Der Kopf ist klein mit einem eher
dreieckigen Gesicht, kleinen Ohren und dunklen, perlmuttartigen
Augen. Die Beine sind kurz und die Füße sind, wie bei einem
Wassertier zu erwarten, mit Schwimmhäuten versehen, in diesem
Fall sind jedoch nur die Zehenbasen durch Schwimmhäute
verbunden. Das Unterfell ist dick und fein, die Deckhaare grob
und auffallend glänzend. Nerze bringen bis zu 10 Junge zur Welt,
der Durchschnitt liegt jedoch bei etwa 5. Höhlen befinden sich
normalerweise in einem Bau, der einen Unterwassereingang
haben kann oder auch nicht.

Das Vorhandensein von Nerzen in einem bestimmten Gebiet
lässt sich normalerweise recht leicht feststellen, indem man
Sandbänke und Wattenmeer am Wasserrand erkundet. Besonders
im weicheren Schlamm sind die Spuren recht deutlich zu
erkennen, denn hier spreizt das Tier die Zehen, um nicht
einzusinken, und stellenweise sind die Umrisse der teilweise mit
Schwimmhäuten versehenen Zehen deutlich zu erkennen. Wenn

überhaupt Spuren erkennbar sind, fallen in den meisten Fällen die Abdrücke der Krallen auf. Das Vorkommen von Nerzen außerhalb des Wassers kann nicht als normal angesehen werden, da dieses Lebewesen nach dem Otter unter den Fleischfressern im Südwesten an zweiter Stelle steht, wenn es um die Vorliebe für Wasserlebewesen geht. Es gibt jedoch Ausnahmen; Nerze wurden beim Überqueren von Gebirgsketten angetroffen, wo sie möglicherweise viele Meilen vom nächsten Wasserlauf entfernt waren. Es wird angenommen, dass es sich bei diesen seltenen Fällen um Migrationen aus ungünstigen Gebieten handelt oder dass eine solche Reise auf der Suche nach einem Partner unternommen wird.

Ein Großteil der Wasserabhängigkeit des Nerzes ist auf seine Ernährung zurückzuführen. Zu seinen bevorzugten Nahrungsmitteln gehören Fische, Krebse und Frösche, von denen keiner besser im Wasser zurechtkommt als der Nerz. Weitere Nahrungsmittel, die, wann immer es die Umstände erlauben, mitgenommen werden, sind Vögel, Eier und Nagetiere. Es ist interessant festzustellen, dass die Bisamratte dem flinken Nerz nicht gewachsen ist und dass das Eindringen eines dieser wilden Fleischfresser in ein Gebiet zur Ausrottung einer ganzen Bisamrattenkolonie geführt hat. Auch Waldkaninchen sind mit den Taktiken der Nerze nicht zurechtzukommen, obwohl sie aufgrund ihrer Fortpflanzungsneigung solchen Übergriffen in der Regel weit voraus sind. Trotz dieser großen Beutevielfalt und seiner Jagdkompetenz ist der Nerz so gefräßig, dass in manchen Gebieten schätzungsweise 100 Hektar nur ausreichen, um einen Erwachsenen zu ernähren. Die ständige Jagd nach Nahrung könnte die Motivation für eine weitere interessante Angewohnheit des Nerzes sein, die bei anderen Fleischfressern selten anzutreffen ist.

Viele Raubtiere verstecken oder vergraben ihre Beute und kehren später für mehrere weitere Mahlzeiten dorthin zurück. Tatsächlich wird dies der Vielfraß tun, einer der nahen Verwandten des Nerzes. Allerdings sammelt der Nerz in Zeiten guter Jagd tatsächlich einen beträchtlichen Nahrungsvorrat und speichert ihn für den Bedarfsfall. Verstecke bestehen oft aus größeren Tieren wie Bisamratten und Enten, die ordentlich unter einem überhängenden Ufer versteckt sind. Da diese Vorräte leicht verderblich sind, ist dies meist eine Praxis bei kaltem Wetter. Der Nerz ist normalerweise kein Aasfresser.

Ein Merkmal der Wieselfamilie ist das Vorkommen von Analdrüsen, die eine stark riechende Flüssigkeit absondern. Am bekanntesten sind in dieser Hinsicht die Stinktiere. Meiner Meinung nach verströmen sowohl Nerz als auch Wiesel einen Geruch, der das Stinktier im Vergleich dazu „fast schön" macht. Die einzige Rettung in ihrem Fall besteht darin, dass der Geruch bald verfliegt, während der von den Stinktieren freigesetzte Geruch lange Zeit seine Stärke behält und mit jedem Regen einen Großteil seiner ursprünglichen Wirksamkeit zurückgewinnt. Wie die Stinktiere nutzen diese Tiere den unangenehmen Geruch als Verteidigungswaffe. Zweifellos hat es auch andere Verwendungszwecke, etwa die Identifizierung des Individuums und seines Territoriums gegenüber anderen Tieren derselben Art.

Betrachtet man die Wieselfamilie als Gruppe, so wird deutlich, dass es sich hier um eine ziemlich große Anzahl von Arten handelt, die alle eng miteinander verwandt sind, aber dennoch sehr unterschiedliche Gewohnheiten haben. So fühlt sich der Marder in Bäumen genauso wohl wie das Eichhörnchen; Der Otter kann problemlos Fische fangen. und der Dachs kann besser graben als selbst die Erdhörnchen und verbringt einen Großteil seines Lebens unter der Erde. Ebenso variiert die Gruppe stark im Temperament. Am einen Ende der Skala steht der Vielfraß, mürrisch und trotzig; Auf der anderen Seite sind Marder und Otter verspielt und sogar anhänglich. Der Nerz kann als nervös und reizbar eingestuft werden. In seinem Temperament scheint eine echte Blutgier zu liegen. Wenn die Stimmung stimmt, tötet es weiter, selbst wenn ein Mensch in der Nähe ist. Ich habe gesehen, wie ein Nerz weiterhin einen Entenschwarm abschlachtete, während ich versuchte, ihn zu vertreiben. Mit einem in die Enge getriebenen Nerz muss man rechnen; Es gibt nur wenige Tiere dieser Größe, die so mutig sind.

Nerz

Wie man vermuten könnte, sind solch wilde, wilde Kreaturen schlechte Eltern. Manchmal verlassen die Weibchen die Jungen, während diese noch zu klein sind, um ihren eigenen Weg zu gehen. Dabei handelt es sich letztlich doch nur um eine menschliche Kritik. Wer soll ein Tier verurteilen, das die Natur unter Bedingungen existieren ließ, die eine freundlichere Art ausgelöscht hätten?

Kurzschwanzwiesel (Hermelin)
Mustela erminea (lateinisch: Wiesel ... vom Pelzhermelin)

VERBREITUNGSGEBIET : Von Nordgrönland nach Süden bis in den Norden der Vereinigten Staaten mit einer Ausdehnung nach Süden bis nach Utah, Colorado und New Mexico. Zu erwarten im Norden Arizonas.

LEBENSRAUM : Im Allgemeinen in Wäldern der Transition Life Zone und höher zu finden. Man findet ihn häufig in der Arktiszone.

BESCHREIBUNG : Ein kleines Raubtier mit langem Körper und kurzen Beinen. Gesamtlänge von 7 bis 13 Zoll. Schwanz 2 bis 4 Zoll. Gewicht 1½ bis 3 ⅔ Unzen. Diese große Bandbreite an Statistiken ergibt sich aus dem Vergleich der kleinsten Weibchen mit den größten Männchen. Männchen sind im Durchschnitt durchweg ein Fünftel bis ein Viertel größer als Weibchen. Die Sommerfarbe ist dunkelbraun mit weißen Unterseiten und Füßen. An der Innenseite der Hinterbeine verläuft eine weiße Linie, die das Weiß der Füße mit dem des Bauches verbindet. Die Schwanzspitze ist schwarz. Das Winterfell ist bis auf die schwarze Schwanzspitze ganz weiß. Der Körper ist lang und geschmeidig, die Beine kurz, der Hals lang und rund. Der Kopf ist klein mit ziemlich großen, hervortretenden dunklen Augen. Die Ohren sind für ein Lebewesen dieser Größe groß. Bruthöhlen befinden sich normalerweise im Boden unter großen Steinen oder zwischen den Wurzeln eines Baumes. Die durchschnittliche Zahl der Jungen wird auf etwa vier geschätzt.

Ich hege eine besondere Zuneigung zu diesem winzigen Raubtier, das mir aufgrund seiner Furchtlosigkeit viele Einblicke in sein Privatleben gewährt hat, die bei einem größeren oder schüchterneren Tier nicht möglich gewesen wären. Niemand sollte den Mut dieses kleinen Marders unterschätzen, der, wenn er in Ruhe gelassen wird, auch unter der genauen Beobachtung eines Beobachters seine normalen Aktivitäten fortsetzt, sich aber bei Belästigung oft mit einer Wut gegen seinen Peiniger wendet, die mit nur wenigen großen Tieren vergleichbar ist. Diese Eigenschaften teilt es mit zwei anderen Verwandten der Vereinigten Staaten: dem Langschwanzwiesel (*Mustela frenata*), das auch im Südwesten vorkommt, und dem Zwergwiesel (*Mustela rixosa*), das in Teilen des Nordens der Vereinigten Staaten, Kanadas und Kanadas lebt Alaska. Das Kurzschwanzwiesel kann nicht mit einer der anderen Arten verwechselt werden, da das Zwergwiesel keine schwarze Schwanzspitze hat und das Langschwanzwiesel einen Schwanz hat, der etwa ein Drittel seiner Körperlänge ausmacht. Der Schwanz des Kurzschwanzwiesels beträgt nur etwa ein Viertel seiner Körperlänge und diese Art ist deutlich kleiner als der des Langschwanzwiesels.

Kurzschwanzwiesel sind die kleinsten Fleischfresser im Südwesten. Tatsächlich sind sie, bis auf das kleinste Wiesel, die kleinsten auf dem nordamerikanischen Kontinent. Trotz seiner Größe ist *Mustela erminea* so winterhart, dass es bis zum nördlichsten Landpunkt der nördlichen Hemisphäre vorkommt. Diese Nordküste Grönlands liegt nur wenige Grad vom Nordpol entfernt. Die europäische Form, die sich nicht spezifisch von unserer unterscheidet, ist ebenso robust. Auch er bewohnt nicht nur die gemäßigteren Zonen, sondern dringt weit nördlich des Polarkreises überall dort vor, wo sich Land befindet. In unserem Südwesten trifft man sie manchmal in niedrigen Lagen, häufiger jedoch in den höheren Bergen. Hier erleben sie den winterlichen Farbwechsel, allerdings nicht so regelmäßig und nicht so vollständig wie im hohen Norden.

Der Begriff „Hermelin" bezieht sich auf das Fell dieses Tieres im Winterfell. Dies ist der königliche Hermelin, der früher der Aristokratie vorbehalten war. Im besten Fall ist dieses Fell makellos weiß, mit Ausnahme der stark kontrastierenden schwarzen Schwanzspitze. In der Heraldik hatte das reine Weiß eine symbolische Bedeutung, für das Wiesel hat es jedoch eher banale Verwendungszwecke. Diese dienen der Tarnung, sowohl bei der Verfolgung von Beute als auch bei der Vermeidung von Angriffen durch Feinde. Im hohen Norden ist dieser saisonale Wechsel der Kleidung obligatorisch und vollständig, aber im vergleichsweise milden Klima unserer südwestlichen Berge ist die Situation etwas anders. Hier kann das Lebewesen bei Einbruch des Winters in tiefere Lagen absteigen und, wenn es möchte, den meisten Unwettern entgehen. Unter Bedingungen, die teilweise der eigenen Wahl überlassen sind, variiert der Grad der Farbveränderung stark. In schneereichen Gebieten auf höheren

Gipfeln wird es zu echtem Hermelin; Weiter unten wird es sich wahrscheinlich in ein helles Gelb verwandeln, und unterhalb der Schneegrenze behält das Tier oben das gleiche Braun und unten dasselbe Weiß, das es den ganzen Sommer über trägt.

Kurzschwanzwiesel

Wie die meisten anderen Mitglieder der Familie der Wiesel sind diese kleinen Marder hervorragend an die Anpassung an die Natur angepasst. Ihre Größe ermöglicht es ihnen, in die Häuser aller bis auf die allerkleinsten Nagetiere einzudringen. Ihre Stärke und Geschmeidigkeit gepaart mit Wildheit ermöglicht es ihnen, Tiere zu bezwingen, die um ein Vielfaches größer sind. Überraschenderweise fressen sie, obwohl sie gut klettern können, nicht viele Vögel. Die meisten ihrer Beutetiere sind Nagetiere. Kleine Mäuse scheinen bevorzugt zu werden, obwohl auch Streifenhörnchen, Erdhörnchen und Waldratten gefangen werden. Pikas und kleine Kaninchen fallen diesen mächtigen Milben zum Opfer, und es gibt viele dokumentierte Fälle, in denen Schlangen durch sie getötet wurden. Wie der Nerz sammeln auch Kurzschwanzwiesel einen Vorrat an Nahrung, wenn die Jagd gut ist. Für ihre Größe haben sie einen enormen Appetit; Man schätzt, dass man alle 24 Stunden die Hälfte seines eigenen Gewichts an Nahrung zu sich nimmt. Daraus ist ersichtlich, dass sie nur in einem Gebiet leben können, in dem es viele Nagetiere gibt, und dass sie eine große Rolle dabei spielen, diese Tiere unter Kontrolle zu halten.

Ich hatte das Privileg, dieses Wiesel viele Male und unter den unterschiedlichsten Umständen zu sehen. Bei all diesen Begegnungen schien es offensichtlich, dass das Tier das Eindringen des Menschen zunächst nicht so sehr als Feind, sondern eher als Konkurrenten akzeptierte. Unter diesen Bedingungen wird es seine Aktivitäten fortsetzen und dem Eindringling kaum Beachtung schenken. Sollten jedoch feindselige Maßnahmen gegen ihn ergriffen werden, wird das Wiesel, wenn möglich, fliehen. Wenn es in die Enge getrieben wird, verteidigt es sich brutal und besprüht seinen Angreifer als letzten Ausweg mit dem übelriechenden Inhalt der Analdrüse. Dieser duftende Nebel ist nicht so langlebig wie das Parfüm des Stinktiers, aber fast genauso wirksam, solange er anhält. Wie viel besser wäre es, daneben zu stehen und dem kleinen Raubtier bei seiner Arbeit zuzusehen!

Wenn Sie das Glück haben, sich in einem Gebiet zu befinden, in dem eine Mähwiese bewässert wird, können Sie beobachten, wie die Wiesenmäuse (Wiesenmäuse) aus ihren Behausungen vertrieben werden. Eine sorgfältige Beobachtung könnte ein oder mehrere Kurzschwanzwiesel entdecken, die ihren Tribut von diesen unglücklichen Flüchtlingen fordern. Möglicherweise finden Sie in dieser Zeit guter Jagd sogar einen Cache, der weggelegt wurde. Weder Mitleid mit den Wühlmäusen, noch Verachtung des Wiesels; beide erfüllen ihr Schicksal nur nach einem uralten Plan.

Geflecktes Stinktier
Spilogale gracilis (griechisch: spilos , Spot und Sturm, Wiesel ... gracilis , lateinisch: schlank)

VERBREITUNGSGEBIET : Diese Art ist zusammen mit mehreren Unterarten das häufig vorkommende Gefleckte Stinktier im Südwesten. Die Verteilung über das gesamte Vier-Staaten-Gebiet, mit dem sich dieses Buch befasst, ist „fleckig“.

LEBENSRAUM : In den meisten Situationen üblich, die eine geeignete Umgebung in der Nähe des Meeresspiegels bis zu einer Höhe von etwa 8.000 Fuß bieten. Selten oberhalb der Waldgrenze anzutreffen. Diese Stinktiere leben normalerweise in Erdhöhlen, sind aber auch nicht abgeneigt, sich unter Gebäuden oder in den Wänden oder Dachböden von Fachwerkhäusern niederzulassen.

BESCHREIBUNG : Ein kleines, nachtaktives, schwarz-weißes Tier von der Größe eines durchschnittlichen grauen

Baumeichhörnchens. Gesamtlänge etwa 16 Zoll, wovon 6 Zoll auf den Schwanz entfallen. Eine Beschreibung des Farbmusters wäre, es marmoriert zu nennen. Der Kopf hat normalerweise einen markanten weißen Fleck zwischen den Augen und mehrere kleinere Flecken an den Seiten des Gesichts. Die Vorderhand ist mit vier seitlichen, unregelmäßigen weißen Streifen gekennzeichnet, die bis zur Körpermitte reichen. Der Rumpf ist unterschiedlich weiß gefleckt. Der Schwanz ist sehr buschig und etwa zur Hälfte weiß und zur Hälfte schwarz. Die Augen sind dunkel, die Ohren klein. Die Füße sind klein, aber plantigrad wie bei den größeren Stinktierarten. Junge Nummer drei bis sechs, geboren im Frühsommer.

Obwohl dieses kleine Tier ein leicht schweres Hinterteil hat, das an die größeren Stinktiere erinnert, ähnelt es in der Tat, wie sowohl der generische als auch der spezifische Name vermuten lässt, viel mehr einem Wiesel. Dieser Eindruck wird durch seine schnellen Bewegungen und seine leuchtenden Augen für Details verstärkt, die seinen größeren Verwandten kaum auffallen würden. Ihm fehlt jedoch das wilde und wilde Wesen der Wiesel, und wenn er richtig gefördert wird, wird er zu einem charmanten und zutraulichen nächtlichen Besucher. Denken Sie jedoch daran, dass diese Bekanntschaft nicht mehr als ein bewaffneter Waffenstillstand sein kann und dass sie im Falle einer Verletzung der formellen Verhaltensregeln jederzeit beendet werden kann.

Wahrscheinlich ist es wahrscheinlicher, dass man einem nachtaktiven Säugetier im Südwesten begegnet als diesem kleinen Stinktier. Wie viele meiner Leser können sich erinnern, wie sie aus einem unruhigen Schlaf erwachten und das zischende Flüstern „Da ist etwas im Zelt" hörten? Während die Augen sich anstrengen, um die Dunkelheit zu durchdringen, deuten schwache Muster auf dem Boden und ein dringendes Kratzen an der Madenbox darauf hin, dass tatsächlich „etwas im Zelt" ist. Vorsichtig umdrehen, während die Gelenke des Kinderbetts lautstark klagen, wird schließlich die Taschenlampe unter dem Kissen herausgeholt. Sicherlich hat man die Kreatur verscheucht, aber nein, das Rasseln geht weiter – jetzt im Geschirr. Der strahlend weiße Strahl sticht in diese Richtung. Rote Augen starren zurück, vielleicht interessiert, aber ohne Angst. Der runde Ball aus schwarz-weißem Flaum wartet regungslos darauf, ob etwas Böses beabsichtigt ist. Als ihm nichts angeboten wird, macht sich Seine Hoheit auf den Weg zur Tür und schlendert davon in die alles umgebende Dunkelheit. Am Morgen zeigen winzige, eichhörnchenartige Spuren im Staub, dass *Spilogale* einen nächtlichen Besuch abgestattet hat. Dies und vielleicht der Inhalt, der in den Butter- und Speckfettbehältern fehlt, denn dieses kleine Tier liebt tierische Fette sehr. Dies sind die Nahrungsmittel, die diese Tiere in so großer Zahl auf die Campingplätze locken, dass sie häufig zu einer Plage werden.

In freier Wildbahn ernähren sich Gefleckte Stinktiere hauptsächlich von Insekten. Diese werden nicht nur in der erwachsenen Form, sondern auch in großer Zahl im Larvenstadium aufgenommen, wie die gut ausgesiebten Trümmer unter Kakteenbüscheln und um die Basis von Sträuchern und Bäumen zeigen. Bei dieser Suche nach Insekten werden kleine Beutetiere anderer Art gefangen, sofern die Umstände dies zulassen. Würmer und Skorpione sowie kleine Nagetiere werden nicht abgelehnt. In selteneren Fällen kann es vorkommen, dass ein am Boden brütender Vogel gestört wird und ihm seine Eier oder Jungen entzogen werden. In ländlichen Gemeinden werden manchmal auch Hühnerquartiere geplündert, aber in der Regel sollte das Gefleckte Stinktier als nützlich angesehen werden, da seine Hauptfunktion die Bekämpfung von Heuschrecken und Käfern ist.

Wie die meisten Raubtiere hat dieses Mitglied der Familie der Wiesel nur wenige natürliche Feinde. Das ist nicht überraschend; Nur wenige Tiere gehen bereitwillig das Risiko ein, diesen tapferen kleinen Krieger anzugreifen, der manchmal einen Handstand macht, um seine Feinde besser zu besprühen . Gegen die stählernen Monster, die mitten in der Nacht auf unseren Autobahnen auf und ab jagen, nützt diese Taktik nichts. Innerhalb von 50 Jahren hat sich das Auto zum erfolgreichsten Feind des Gefleckten Stinktiers entwickelt. Doch selbst im Tod auf der Autobahn übt das Stinktier seine Rache. Nur wenige werden den Ort einen Tag lang passieren, ohne diesem übelriechenden Erbe unfreiwillig Tribut zu zollen.

Gestreiftes Stinktier
Mephitis mephitis (lateinisch: eine pestilenzielle Ausdünstung)

VERBREITUNGSGEBIET : Die südliche Hälfte Kanadas, die gesamten Vereinigten Staaten und die nördliche Hälfte Mexikos.

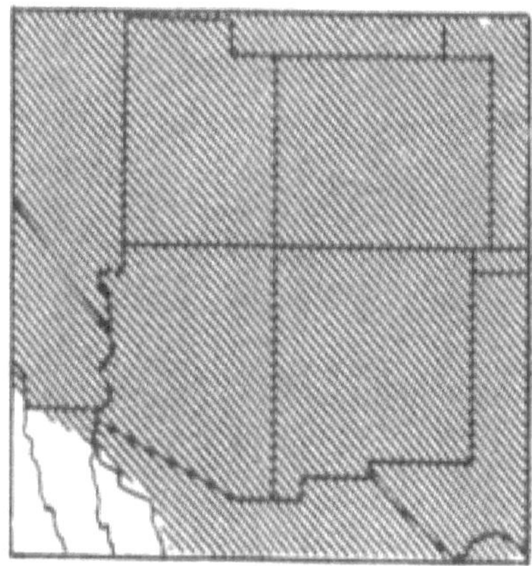

LEBENSRAUM : Alle Lebensbereiche bis zur Waldgrenze an Orten mit ausreichendem Nahrungsangebot und geeigneter Deckung.

BESCHREIBUNG : Dies ist das „Waldkätzchen", dem sich alle außer den Naivsten mit dem gebührenden Respekt nähern . Ungefähr so groß wie eine Hauskatze. Gesamtlänge 22 bis 30 Zoll. Schwanz 8 bis 15 Zoll. Gewicht 6 bis 10 Pfund. Die Körperfarbe ist schwarz, der Schwanz ist schwarz, mit Ausnahme der Spitze, die üblicherweise weiß ist. Normalerweise gibt es zwei weiße Streifen auf dem Rücken, die in einem „V" am Hinterkopf zusammenlaufen, und einen weißen Streifen entlang der Vorderseite des Gesichts. Der Kopf ist klein mit einer eher spitzen Nase, kleinen schwarzen Augen und kleinen Ohren. Die Vorderbeine sind kurz und die kleinen Füße sind mit kräftigen Krallen versehen. Die Hinterbeine sind länger und die großen Hinterpfoten berühren deutlich mehr den Boden. Der Schwanz ist ziemlich lang und extrem buschig. Beim Fahren wird es in einer Abwärtskurve getragen; Wenn sein Besitzer erschrocken oder wütend ist, wird er mit aufgestellten Haaren hochgehalten. Die Höhlen des Streifenstinktiers befinden sich normalerweise in einem unterirdischen Bau, es wurden jedoch auch Höhlen in hohlen Baumstämmen registriert. Die übliche Anzahl junger Menschen liegt im Durchschnitt zwischen vier und sechs. Die Familie bleibt den größten Teil eines Jahres zusammen, bevor die Jungen aufbrechen, um ihren eigenen Weg zu gehen.

Im Südwesten gibt es vier Arten von Stinktieren, aber der Beobachter im Hochland wird nur zwei sehen. Dies sind die gestreiften und die gefleckten. Sie zeichnen sich durch zwei Merkmale aus: Erstens ist das gestreifte Stinktier leicht doppelt so groß wie das gefleckte Stinktier; und zweitens hat das gefleckte Tier ein Muster aus unterbrochenen Streifen und weißen Flecken, während das größere Tier definitiv lange, durchgehende weiße Streifen an den Seiten oder am Rücken hat. Beide Arten verfügen über die gleiche Abwehrmethode, allerdings soll der Geruch des kleineren Stinktiers etwas weniger stechend sein und sich schneller verflüchtigen als der des gestreiften. Für den Empfänger eines Sperrfeuers ist dies derselbe Trost, als ob er die Wahl hätte, ob er von der H-Bombe oder der A-Bombe getroffen wird. Im Falle eines direkten Angriffs macht das kaum einen Unterschied.

Sollte der Leser in eine Begegnung mit einem dieser übelriechenden Lebewesen verwickelt sein, werden ihm viele Heilmittel verschrieben, aber nur wenige verschaffen ihm große Linderung. Wenn die Haut mit einer schwachen Säurelösung wie Zitronen- oder Tomatensaft gewaschen und anschließend gründlich mit Wasser und Seife geschrubbt wird, verschwindet ein Großteil des Geruchs. Kleidung kann auf die gleiche Weise behandelt werden, aber in der Regel ist es billiger und einfacher, sie zu verbrennen und die Kosten dafür in Rechnung zu stellen. Opa sagte, man solle duftende Kleidung in feuchter Erde vergraben. Vielleicht hilft das mit der Zeit; Ich behaupte, dass es besser ist, sie dort zu lassen.

Es gibt so viele Fehlinformationen über den Abwehrmechanismus des Stinktiers und die Art und Weise, wie er eingesetzt wird, dass eine kurze Erklärung möglicherweise nicht fehl am Platz ist. Der Duftstoff ist eine Flüssigkeit, die in zwei Drüsen nahe der Schwanzbasis gespeichert wird. Diese Drüsen sind in eine Masse kontraktiler Muskeln eingebettet und jede hat einen Gang, der mit einer winzigen Sprühdüse verbunden ist, die aus dem Anus herausragen kann. Wenn Gefahr droht, wird der Schwanz angehoben, die Düsen auf den Feind gerichtet und die Kontraktion der Muskeln um die Drüsen treibt einen Sprühnebel feiner Tröpfchen aus, der bis zu 15 Fuß weit fliegen kann. Das Ergebnis ist in der Regel wirksam und nachhaltig. Entgegen der landläufigen Meinung ist der Geruch sowohl für das Stinktier als auch für seinen Feind belastend. Der Schwanz wird nach Möglichkeit nicht im Weg gehalten , da seine federartigen Tiefen den Geruch lange Zeit speichern würden.

gestreiftes Stinktier

Stinktiere verschiedener Arten nutzen diese Verteidigungswaffe gegeneinander. Ob Individuen derselben Art es in ihren gemeinsamen Kämpfen nutzen, ist nicht bekannt. In Situationen, in denen es um Menschen geht, wird das Stinktier versuchen, den Feind nach Möglichkeit zu bluffen. Dies besteht darin, mit den Vorderpfoten aufzustampfen, kurze Anläufe auf den Eindringling zu machen und schließlich den Schwanz zu heben und mit den „Kanonen" zu zielen. Wenn man sich einem Stinktier bewusst nähert und schnelle Bewegungen vermeidet, ist es überraschend, welche Freiheiten man sich nehmen kann, bevor es auf den Geruchssinn zurückgreift. Sollte es hingegen überrascht oder körperlich verletzt werden, ist die Vergeltung schnell und sicher. Denken Sie bei allen Begegnungen mit Stinktieren aus nächster Nähe daran, dass dieses kleine Tier eines der unabhängigsten Geschöpfe der Welt ist und dass diese Lässigkeit aus einem überragenden Vertrauen in seine Verteidigungsfähigkeiten resultiert, und zwar wenn man es in Ruhe lässt oder zumindest mit Rücksichtnahme behandelt es wird sich schnellstmöglich auf den Weg machen.

Diese unabhängige Haltung, die allen Stinktieren innewohnt, hat wahrscheinlich viel mit dem unbekümmerten Leben der jungen Familie zu tun. Um die Mittsommerzeit, wenn die Jungen den Bau verlassen können, geht die Mutter oft am frühen Nachmittag mit ihnen spazieren. Während sie geht, ohne sich der Gefahr bewusst zu sein, spielen die Jungen hinter ihr her, manchmal ein Ball aus kämpfenden kleinen Körpern, von denen sich ab und zu ein flauschiger Schwanz löst, und wieder sind sie uneins in einer gespielten Zurschaustellung von Wildheit, mit stampfenden Vorderfüßen und ausgestellten Schwänzen oben. Wenn die

geduldige Mutter auf der Spur einen Leckerbissen findet, kommt
es zu einem konzertierten Ansturm auf den Preis, der selten
kampflos gewonnen wird. All dies ist eine ausgezeichnete Übung
für die Zeit, in der sie auf sich allein gestellt sein werden. In
diesem frühen Alter lernen die Jungen erstmals, Insekten zu
fangen, was für die Stinktierernährung von großer Bedeutung ist.
Später werden auch Frösche und kleine Säugetiere gejagt.

Das Streifenstinktier gilt allgemein als Tier, das Winterschlaf hält.
Dies ist jedoch nicht unbedingt der Fall, denn auch wenn er
wochenlang inaktiv in seiner Höhle bleiben kann, verlangsamen
sich die Körperprozesse nicht in dem Maße, wie es im echten
Winterschlaf üblich ist. Das Stinktier legt jeden Herbst eine
beträchtliche Menge Fett ab, um sich auf diese Winterperiode
vorzubereiten, in der die Nahrung knapp ist. Allerdings kommt
es im Südwesten selten vor, dass man sich auch nur für ein paar
Tage in eine Höhle zurückzieht. Das milde Klima macht dies
außer im höchsten Teil ihres Lebensraums unnötig.

Schwarzbär
Euarctos americanus (lateinisch: ein Bär ... von Amerika)

VERBREITUNGSGEBIET : Gegenwärtig beschränkt sich das
Verbreitungsgebiet des Schwarzbären in den Vereinigten Staaten
auf einen schmalen Streifen neben der Atlantik- und Pazifikküste,
einige der südöstlichen Staaten, einen schmalen Streifen im
Gebiet der Großen Seen und die Rocky-Mountain-Kette .

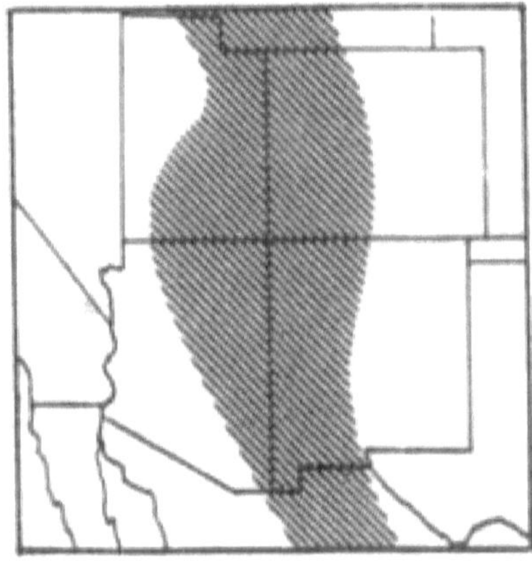

LEBENSRAUM : Im Südwesten, die höheren Berge, hauptsächlich in der Transition Life Zone und darüber.

BESCHREIBUNG : Der Schwarzbär bedarf kaum einer Beschreibung, da er durch Bilder und Bekanntheit fast jedem bekannt geworden ist . Die Gesamtlänge beträgt durchschnittlich 5 bis 6 Fuß und der Schwanz ist so kurz, dass er keine Rolle spielt. Die Schulterhöhe beträgt 2 bis 3 Fuß. Gewicht 200 bis 400 Pfund. Die Farbe variiert im Südwesten von tiefem, glänzendem Schwarz über Braun bis hin zu hellem Zimt. In allen Farbphasen ist die Nase fast bis zu den Augen braun und auf der Brust ist meist eine weiße „Brandung" zu sehen. Die Beine sind kurz und muskulös. Die Füße sind plantigrad, das heißt, der Bär tritt auf dem ganzen Fuß, nicht nur auf den Zehen. An allen vier Füßen befinden sich kräftige Krallen. Der eigentliche Kopf ist eher rund, die Schnauze lang und spitz. Die Ohren sind relativ klein, ebenso die dunklen Augen. Die Zahl der Jungen liegt zwischen eins und vier Jahren, wobei Zwillinge sehr häufig sind. Sie werden geboren, während die Mutter noch im Winterquartier ist. Wenn das Wetter so weit nachlässt, dass sie gehen kann, sind die Jungen groß genug, um ihr zu folgen.

Bären sind wahrscheinlich die beliebtesten unserer Wildtiere für diejenigen, die die Gebiete des National Park Service besuchen. Warum das so sein sollte, ist schwer zu sagen. Vielleicht geht es auf das Kindermärchen von den drei Bären zurück, das uns allen bekannt ist, seit wir laufen konnten. Vielleicht liegt es auch an der lockeren Vertrautheit, mit der diese Straßenbanditen den Touristen in der Hoffnung auf ein Almosen begrüßen. Auf jeden Fall haben sich diese scheinbar freundlichen Clowns in den Herzen der amerikanischen Öffentlichkeit etabliert. Das ist bedauerlich, denn tatsächlich sind diese großen Fleischfresser in den Parkservicegebieten die gefährlichsten aller Tiere. Die Intelligenz der Einheimischen weist die Bären darauf hin, dass sie Nahrung erhalten könnten, wenn sie einfach am Straßenrand stehen, wenn ein Auto anhält. Kompliziertere Routinen werden schnell erlernt, um größere und bessere Almosen zu erhalten. Auf diesem professionellen Niveau wird eine beträchtliche Belohnung erwartet, wenn Bruin „für sein Abendessen gesungen" hat, und wenn keine erfolgt, kann es zu Problemen kommen. Für einen Bären ist das jedoch nur ein kleiner Ärger im Vergleich zu den Demütigungen, die eine gedankenlose Öffentlichkeit diesen großen Tieren zufügt. Fairerweise muss man sagen, dass jeder, der einen Bären neckt, auch die Gegenleistung verdient. Es ist bedauerlich, dass die Vergeltung in Form einer schweren Verletzung oder sogar des Todes erfolgen kann. Obwohl dies hauptsächlich auf die halbzahmen Bären zutrifft, die auf den Autobahnen in unseren Nationalparks umherstreifen, ist es nur vernünftig, Zwischenfälle mit Bären zu vermeiden, wo auch immer man ihnen begegnet. Dies gilt insbesondere für ein altes Weibchen mit Jungen, eine Kombination, die für den durchschnittlichen Urlauber mit Kamera nahezu unwiderstehlich ist.

In entlegeneren Gebieten, in denen Bären keinen Kontakt mit Menschen hatten, sind sie bis zur Ängstlichkeit misstrauisch. Da sie über einen ausgeprägten Hör- und Geruchssinn verfügen, der ihr schlechtes Sehvermögen ausgleicht, ist es schwierig, sich ihnen zu nähern. Wie die meisten Tiere wissen sie instinktiv, dass sie durch „Einfrieren" in den meisten Fällen der Beobachtung entgehen können. Das sonnenverbrannte Fell der braunen Phase des Schwarzbären ist im Unterholz besonders schwer zu erkennen. Mit Geduld und der Hilfe eines Fernglases sollte es jedoch nicht allzu schwierig sein, einen Einblick in das Privatleben dieser faszinierenden Kreaturen zu erhalten.

Schwarzbär

Obwohl Bären aufgrund ihres Gebisses zu den Fleischfressern zählen, könnte man sie treffender als Allesfresser bezeichnen. Es ist nachweislich, dass der Schwarzbär fast alles frisst, sei es Tier oder Gemüse. Dennoch ist sein Appetit enorm und erfordert wenig Abwechslung, wenn nur ein paar Futtersorten zur Verfügung stehen. Sein Status als Raubtier ist etwas verwirrend. Technisch gesehen sollte der Schwarzbär als Raubtier eingestuft werden, da er Erdhörnchen, Mäuse und andere kleine Nagetiere jagt. Es werden auch junge Hirsche und Elche gefangen, wann immer es möglich ist, aber diese Gelegenheiten ergeben sich selten. Tatsächlich hat dieser Bär kaum direkten Einfluss auf seine Säugetiernachbarn. Als Aasfresser ist es von großem Wert bei der Beseitigung der Überreste anderer Raubtiere.

Einige der gefressenen Kleintiere stehen in einem geradezu amüsanten Kontrast zur riesigen Größe ihres Feindes. Ameisen werden zum Beispiel von den meisten Bären eifrig geleckt und reißen alte Baumstämme buchstäblich auseinander, um an diese leckeren Häppchen zu kommen. Maden sind ein weiterer kleiner Gegenstand, der um umgestürzte Baumstämme und unter Steinen herum gefunden werden kann. Bären lieben Honig sehr und geben sich große Mühe, an diese Delikatesse zu kommen, die sie mit Waben, Bienen und allem anderen fressen. Ein weiteres Lebensmittel, das ungewöhnlich erscheint, ist Fisch. Zur Laichzeit watet ein Bär in einen Bach und fängt entweder einen vorbeiziehenden Fisch mit seinen langen Krallen oder wirft ihn ans Ufer, wo er leichter zu bezwingen ist. Schließlich wird ihre natürliche tierische Ernährung in den meisten Parkservicegebieten durch die Abfälle und Knochen, die sie auf den Müllhaufen aufsammeln, erheblich bereichert. Sie können auf Campingplätzen zu einer großen Plage werden, wo sie im Schutz der Dunkelheit dank ihres Einfallsreichtums und ihrer großen Stärke so manchen Schinken und eine Portion Speck stehlen können.

So groß diese Vielfalt an Tierfutter auch sein mag, sie kann den kosmopolitischen Geschmack dieser Bären in einer pflanzlichen Ernährung nicht erreichen. Wurzeln und Zwiebeln vieler Arten werden ausgegraben. Gras und Weide werden zu mehreren Jahreszeiten gegessen; sogar Tannennadeln sollen gefressen worden sein. Die Vorliebe von Bären für Beeren aller Art ist bekannt. *Arctostaphylos* , der Gattungsname der Manzanitas, bedeutet aus dem Griechischen übersetzt „Bärentraube". Pinyon-Nüsse, Eicheln, Apfelkirschen und andere Steinfrüchte werden alle in der Saison geerntet. Diese schweren Tiere schädigen Bäume auf der Suche nach Früchten oft schwer. Auf den Müllhaufen gesellen sich Schalen und Kerne von Wassermelonen, Schalen aller Art, Blattgemüse und Maiskolben hinzu. Alle Blechdosen werden sauber geleckt und in vielen Fällen werden fettige Papier- und Zellophanverpackungen gegessen.

Der jährliche Lebenszyklus eines Bären ist eine Studie der Kontraste. Einen Großteil der warmen Zeit des Jahres verbringen wir mit der Suche nach Nahrung, mit der wir einen Fettspeicher aufbauen können, damit wir den Winter in Ruhe verbringen können. Bären halten Winterschlaf oder, genauer gesagt, ziehen sich für mehrere Monate des Winters zurück. Sie fallen nicht in den Tiefschlaf, dem sich manche Nagetiere hingeben. Sie haben einen unruhigen Schlaf, der durch Phasen der Lethargie unterbrochen wird, wenn sie wach sind, aber jegliche Aktivität meiden. Auf diese Weise bewahren sie genug von ihrer dicken Fettschicht, um das kalte Wetter zu überstehen und im zeitigen Frühjahr mit einer beträchtlichen Reserve aufzutauchen.

Der Winterschlaf findet im Spätherbst statt, meist nach den ersten leichten Schneefällen. Offensichtlich haben die Tiere bereits eine Höhle gefunden, denn wenn sie den Drang verspüren, sich zurückzuziehen, machen sie sich auf den Weg dorthin. Oftmals wird das gleiche Winterquartier mehrere Saisons lang von einer Person genutzt. Höhlen werden an verschiedenen Standorten ausgewählt. Sie können sich in alten hohlen Baumstämmen oder in den Fundamenten von durch Feuer zerstörten Bäumen befinden. Einige befinden sich in Spalten zwischen riesigen Felsbrocken, andere in Höhlen. Das Hauptanliegen scheint darin zu bestehen, einen wind- und schneegeschützten Ort zu finden. Wenn der Boden zufällig mit Spänen oder Blättern bedeckt ist, umso besser. Dies ist in der Regel entweder auf Luftströmungen zurückzuführen, die herabfallende Blätter mit sich bringen, oder auf die Arbeit von Waldbewohnern, die an solchen Stellen viel Müll ablagern. Die Bären rollen sich auf dem Boden zusammen, und nach dem ersten heftigen Schneefall gibt es nichts mehr, was die Stelle markieren könnte. Bei einer kleinen Höhle, etwa einem Hohlraum am Fuß eines Baumes, kann sich durch die Wärme der Atmung des Tieres ein Luftloch in der Strömung bilden.

Die Jungen werden im Spätwinter geboren. Mit einer Zahl von eins bis vier sind sie bei der Geburt unglaublich klein. Sie entwickeln sich ziemlich langsam und sind etwa 18 Zoll lang, wenn die Familie aus der Höhle kommt. Die Jungen können alle einfarbig sein oder einige können braun und einige schwarz sein. Der männliche Bär ist nicht an der Erziehung der Familie beteiligt; tatsächlich wird er von der wütenden Mutter vom Tatort vertrieben, sollte er zu nahe kommen. Sie trägt die volle Verantwortung für die Erziehung der Familie, und mit solch schelmischen, sorglosen Jugendlichen ist eine arbeitsreiche Zeit garantiert.

Eine der ersten Lektionen, die junge Jungtiere lernen, ist Gehorsam. Die Mutter besteht darauf, dass sie jedem ihrer Befehle Folge leistet, und setzt ihre Autorität mit kräftiger Pfote durch. Es ist ein Glück, dass die Jungen kräftig gebaut sind, denn einige der Ohrfeigen, die sie im Laufe eines durchschnittlichen Tagesunterrichts erhalten, würden ein weniger robustes Tier töten. Der erste Zufluchtsort, wenn Gefahr droht, sind die Bäume. Ein spezieller Kommandobefehl und ein oder zwei Ohrfeigen bringen sie in Aufruhr. Jetzt sind die Jungen aus dem Weg und die Decks sind sozusagen einsatzbereit. Die Jungen bleiben in den Bäumen, bis die Mutter ihnen mitteilt, dass sie herunterkommen dürfen. Für die Jugendlichen ist dies jedoch keine Zeit der Langeweile. Als erfahrene Kletterer führen sie die gleichen Spiele und rauen Spiele wie am Boden aus, ohne dass es zu einem Sturz kommt. Ihr Vertrauen in die Bäume ist erstaunlich. Es ist nicht ungewöhnlich, ein Jungtier schlafend am Ende eines 20 Fuß hohen Astes zu sehen, der sich unter seinem Gewicht nach unten beugt und im Wind schwankt. Im Laufe der Monate beginnen die Jungen ihre jugendlichen Verhaltensweisen zu verlieren. Bis zum Herbst haben sie genug Fett aufgebaut, um den Winter zu überstehen. Normalerweise überwintern sie bei der Mutter, da sie weit über ein Jahr bei ihr bleiben. Im darauffolgenden Sommer sind sie gut in der Lage, für sich selbst zu sorgen, und die Mutter verlässt sie.

Es ist eher normal als ungewöhnlich, dass Schwarzbären nur alle zwei Jahre brüten. Die Jungen brüten normalerweise erst im Alter von etwa drei Jahren.

Ohne die Erwähnung der sogenannten „Bärenbäume" wäre kein Bericht über diesen Bären vollständig. Hierbei handelt es sich um Bäume, die an Kreuzungen, also in der Nähe der Kreuzungen von Bärenpfaden, oder an anderer prominenter Stelle stehen. Wenn ein Bär einem begegnet, steht er auf und kratzt mit seinen Vorderklauen so hoch wie möglich an der Rinde. Manchmal beißt es auch in die Rinde. Es wurde beobachtet, dass Bären die Seiten ihrer Kiefer an der Rinde rieben. Ob dies eine Möglichkeit ist, ihren Duft zu hinterlassen, ist nicht bekannt. Es wird vermutet, dass dies eine Art der Kommunikation mit anderen Arten ist, dies wurde jedoch nicht eindeutig bewiesen. Viele der zu diesem Zweck in den Bergen des Südwestens ausgewählten Bäume waren Espen. Die dicken schwarzen Furchen in der weißen Rinde bleiben bis zum Absterben des Baumes bestehen. Oft sind sie der einzige Beweis dafür, dass jemals Bären in der Gegend waren.

Ein weiterer Brauch, den man schon sehr früh im Umgang mit Bären beobachten wird, ist das Kratzen. Das mag zum Teil auf das Vorhandensein von Ektoparasiten zurückzuführen sein, aber der Bär empfindet beim Kratzen eine so offensichtliche Befriedigung, dass man das Gefühl hat, dass dies nur ein Zufall sein muss. Zu diesem Zweck werden Bäume, Pfosten, Steine und Krallen verwendet. Einige der kleineren Bäume erleiden durch die Behandlung oft schwere Schäden.

Meine vorsichtige Haltung gegenüber Bären ist das Ergebnis früher Erfahrungen mit ihnen, die von humorvoll bis tragisch reichen und wahrscheinlich am besten durch einen Vorfall in der Nähe des Yellowstone Parks in den späten 1920er Jahren zum Ausdruck kommen. Ich befand mich damals auf meiner ersten Reise in die Rocky Mountains und wurde für einen Bauauftrag auf einer abgelegenen Ferienranch verdingt. Es wurden Pferde eingesetzt, und ihre Vorräte, darunter ein beträchtlicher Hafervorrat, wurden in einem großen Zelt neben dem Zelt aufbewahrt, in dem einige der Angestellten schliefen. In der Nacht zuvor hatte sich ein Bär Zugang zum Versorgungszelt verschafft, mehrere Hafersäcke aufgerissen und mehr Getreide verschwendet, als er gefressen hatte. Der Vorarbeiter, ein alter Packer im Park , schwor dem Bären Rache. Als er an diesem Abend zu Bett ging , lehnte er eine kleine Doppelaxt gegen den Eingang des Zeltes. In der Nacht wachte ich auf, als der

Vorarbeiter in Unterwäsche den Eingang verließ. Ein Halbmond warf ein schwaches Licht auf die Szene und zeigte den Vorarbeiter, der mit der Axt in der Hand das andere Zelt betrat. Auf eine kurze Stille folgte ein heftiges Platschen, ein gewaltiges Grunzen und einige hektische Rufe. Das Versorgungszelt schwankte heftig, ging zu Boden und platzte auf, als der Bär durch den Wald zum Bach raste. Als die Ordnung wiederhergestellt war, stellte sich heraus, dass der Vorarbeiter sich an den Bären herangeschlichen hatte, der ihm den Rücken zugewandt hatte, und ihm mit der flachen Seite der Axt so fest er konnte auf den Hintern geschlagen hatte. Der Überraschungseffekt kam offenbar zu seinen Gunsten, denn der erschrockene Bär stürmte direkt von ihm weg ins andere Ende des Zeltes. Obwohl es in diesem Fall keine Verletzungen gab, schien es immer, dass dies eine äußerst tollkühne Tat war. Obwohl es eines der lächerlichsten Ereignisse war, die ich je gesehen habe, hatte es auch alle Elemente einer möglichen Tragödie.

Grizzlybär
Ursus horribilis (lateinisch: ein Bär ... schrecklich)

VERBREITUNGSGEBIET : Alaska, Westkanada und in den Vereinigten Staaten beschränkt auf die hohen Berge der Kontinentalscheide bis in den Norden von New Mexico.

LEBENSRAUM : Außer in Nationalparkgebieten sind Grizzlybären selten zu sehen, da sie sich nur an den abgelegensten Orten in den Bergen aufhalten; Transition Life Zone und höher.

BESCHREIBUNG : Der größte Fleischfresser im Südwesten. Durch den markanten Höcker auf den Schultern ist er leicht vom

Schwarzbären zu unterscheiden. Gesamtlänge 6 bis 7 Fuß. Der Schwanz ist so kurz, dass er nicht auffällt. Schulterhöhe 3 bis 3½ Fuß. Gewicht 325 bis 850 Pfund. Die Farbe der südwestlichen Grizzlybären ist unterschiedlich und reicht von gelbbraun bis fast schwarz, weist jedoch einen charakteristischen Grizzly-Effekt auf, der durch die im Fell verstreuten Haare mit weißen Spitzen verursacht wird. Besonders auffällig ist dies am Rücken. Obwohl der Grizzly massiv gebaut ist, wirkt er schlank. Die Schultern sind höher als die Rückseite, was dem Tier ein stromlinienförmiges Aussehen verleiht. Der Kopf ist groß und rund mit einer quadratischen, nach oben geneigten Schnauze. Die Beine sind äußerst kräftig, die Füße groß und mit beeindruckenden Krallen versehen, wobei die Krallen der Vorderfüße bis zu 10 cm lang sind. Die Zahl der Jungen liegt zwischen eins und drei, wobei zwei am häufigsten vorkommen. Grizzlies brüten alle 2 bis 3 Jahre.

Wahrscheinlich ist kein Säugetier in den Vereinigten Staaten mit größerer Wahrscheinlichkeit bald ausgestorben als diese großen Bären. Zu diesem Zweck tragen viele Faktoren bei, vor allem die niedrige Reproduktionsrate und der rasche Rückgang seines Verbreitungsgebiets aufgrund der zunehmenden Viehzucht und Landwirtschaft. Aus ihren früheren Verbreitungsgebieten vertrieben, kommt die Art heute nur noch in den wenigen Gebieten vor, in denen sie streng geschützt ist. Es scheint äußerst unwahrscheinlich, dass es diese Reduzierung seiner einst unbegrenzten Reichweite lange überleben kann. Dies ist der Höhepunkt eines Zerstörungsprogramms, das dem Grizzly seit dem Eindringen des Weißen in den Westen zugefügt wurde. Dies ist jedoch eine Folge des Verschwindens anderer, weniger bekannter Bären, die zu dieser Zeit im Südwesten lebten.

Als die Bergmenschen zwischen 1800 und 1850 in den Westen kamen , fanden sie einen riesigen, hellen Bären, der in den Ausläufern des Wüstenlandes umherstreifte. Mangels eines besseren Namens nannten sie ihn „Graubär". Aus den damaligen Berichten geht man heute davon aus, dass es sich um einen Grizzly handelte; Auf jeden Fall soll es äußerst wild gewesen sein, eine Eigenschaft, die zu seinem Untergang geführt hat. Innerhalb von etwa 70 Jahren wurde dieses Tier entdeckt, gejagt und ausgerottet, ohne dass jemals ein Exemplar erhalten blieb. Heute ist von diesem großen Raubtier keine Spur mehr übrig. Sein Schicksal veranschaulicht das übliche Ergebnis eines Kontakts zwischen einem gefährlichen, hochspezialisierten Tier und einem Menschen. Die Frage, die sich stellt, ist, sollte einer Gruppe von

Menschen jemals eine solche Kontrolle über eine Wildnis gewährt werden, dass sie in der Lage ist, die Fauna und Flora zum Schaden nachfolgender Generationen auszurotten? Die Antwort scheint offensichtlich, wenn wir bedenken, dass „wir diese Dinge nur treuhänderisch verwalten".

Grizzlybär

Viele Grizzly-Arten werden von Taxonomen erkannt, aber nur wenige leben heute. In den Vereinigten Staaten gibt es nur noch New Mexico, Colorado, Utah, Wyoming, Montana und Idaho, die einige dieser großen Tiere haben. In einigen anderen westlichen Staaten sind sie erst kürzlich ausgestorben. Es wird angenommen, dass Kalifornien 1925 seinen letzten Grizzly verloren hat. Die wenigen Überlebenden gehören wahrscheinlich alle der Art *horribilis an* . Da das Grizzly-Land auch das Schwarzbären-Land ist, könnte der Laie bei der Identifizierung der beiden Arten verwirrt sein. Einige wichtige Unterschiede erleichtern die Identifizierung.

Die erste und auffälligste Feldmarkierung ist der markante Schulterhöcker des Grizzlybären. Der männliche Schwarzbär entwickelt mit zunehmendem Alter manchmal einen

Schulterhöcker, der jedoch nicht mit dem des Grizzlys vergleichbar ist. Zweitens hat der Grizzly das, was als „Schalengesicht" beschrieben wurde; das heißt, eine Konkavität in der allgemeinen Form der Vorderseite des Gesichts, während der Schwarzbär eine eindeutig „römische" Nase entwickelt. Drittens sind die Krallen des Grizzlybären doppelt so lang wie die des Schwarzbären; Dies macht sich am deutlichsten in den Tracks bemerkbar. Wenn man nahe genug ist, um dieses Merkmal im Feld zu erkennen, ist man wahrscheinlich zu nah dran, um sicher zu sein! Charakteristisch ist schließlich die Haltung der beiden Arten zueinander, wenn sie sich auf einer gemeinsamen Basis begegnen. In der Regel reicht die Annäherung eines Grizzlybären an eine Mülldeponie aus, um alle Schwarzbären in die Flucht zu schlagen. Es gibt keine Vermischung der beiden Arten; Der Grizzly ist der Herr und der Schwarzbär wird seine Autorität nicht in Frage stellen.

In den meisten seiner Verhaltensweisen ähnelt der Grizzly dem Schwarzbären. Er ist im gleichen Maße Allesfresser, allerdings etwas räuberischer. Außerdem geht es für den Winter in den Winterschlaf und die Jungen werden in dieser inaktiven Zeit geboren. Sie erhalten die gleiche strenge Ausbildung wie ihre schwarzen Cousins und sind wie diese in der Lage, in die Bäume zu klettern und der Gefahr zu entkommen. Mit zunehmendem Alter wachsen ihnen aufgrund dieser Fähigkeit lange Krallen nach, und erwachsene Grizzlybären sollen angeblich nicht mehr klettern können. In einer Hinsicht unterscheidet sich der Grizzly nicht nur vom Schwarzbären, sondern auch von den meisten anderen einheimischen Säugetieren. Es hat nie gelernt, den Menschen in gleichem Maße zu fürchten wie andere Lebewesen.

Ob die kriegerische Haltung des Grizzlys auf Angst oder Verachtung beruht, ist eine strittige Frage. Es ist wichtig, sich daran zu erinnern, dass ein Grizzly stets gemieden werden sollte. Verletzungen, die Menschen im Kontakt mit Schwarzbären erleiden, sind in der Regel eher Zufall und nicht das Ergebnis vorsätzlicher Angriffe des Tieres. Es ist bekannt, dass Grizzlybären ohne andere Provokation als das Eindringen in ihr Territorium angreifen. Sicherlich kann es sich die Öffentlichkeit leisten, diesen jähzornigen Riesen zu belustigen. Ein wenig Rücksichtnahme auf seine reizbare Natur ist kein allzu hoher Preis für seinen Fortbestand in unserer rapide schwindenden Zahl großer Fleischfresser.

Landstreicher Spitzmaus
Sorex vagrans (lateinisch: eine Spitzmaus ... wandernd)

VERBREITUNGSGEBIET: Beschränkt auf die Berge im Westen der Vereinigten Staaten und Kanadas sowie im Norden und Süden Mexikos.

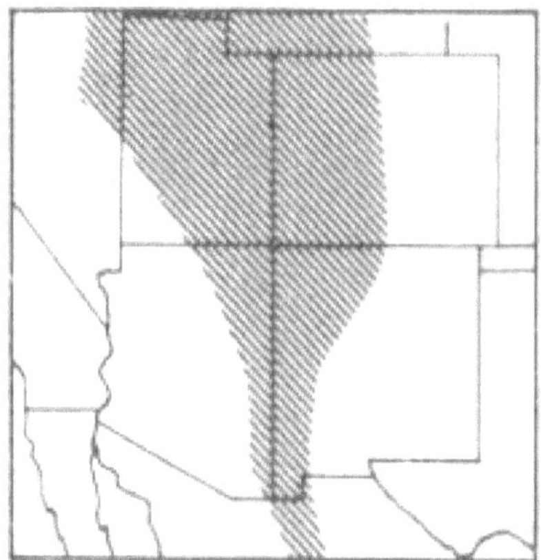

LEBENSRAUM : Feuchte Orte in Wäldern der Übergangslebenszonen und höher.

BESCHREIBUNG : Ein kleines Wesen mit einer langen Nase. Gesamtlänge 4 bis 5 Zoll. Schwanz 1½ bis 2 Zoll. Die Farbe ist oben rotbraun bis schwarz, die Seiten sind eintönig und werden unten grau. Der Schwanz ist undeutlich zweifarbig, mit Ausnahme der letzten Hälfte, die rundherum dunkel ist. Der Kopf ist rund und verjüngt sich zu einer langen, spitzen, etwas flexiblen Nase. An den Seiten des Oberkiefers befinden sich lange Schnurrhaare. Augen und Ohren sind so klein, dass man sie kaum erkennen kann. Über die Brutgewohnheiten der Spitzmäuse ist wenig bekannt. Die Landspitzmaus soll zu jeder Jahreszeit brüten und in einem Wurf 5 bis 11 Junge zur Welt bringen.

Spitzmäuse sind die kleinsten amerikanischen Säugetiere. Ihre Größe und ihr geheimnisvolles Verhalten machen sie zu den am wenigsten bekannten einheimischen Tieren. Sie gelten als Insektenfresser, fressen jedoch neben Insekten auch andere Kleinsäugetiere . Sie unterscheiden sich von Mäusen durch ihre Vorderschneidezähne und veränderten Eckzähne. Ein weiterer

Unterschied besteht darin, dass Spitzmäuse fünf Zehen haben, im Gegensatz zu den vierzehigen Füßen von Mäusen.

Landstreicher

Nach derzeitigem Kenntnisstand sind bestimmte Spitzmausarten die einzigen giftigen Säugetiere. Die große Spitzmaus (im Osten der Vereinigten Staaten) hat eine giftige Substanz in ihrem Speichel, die dabei hilft, einige der von ihr gefangenen Tiere zu bändigen. Es wird vermutet, dass auch einige westliche Arten diese Besonderheit aufweisen. Obwohl Spitzmäuse zu den kleinsten bekannten Tieren gehören, werden sie von größeren Raubtieren nicht übermäßig verfolgt. Es wird angenommen, dass dies teilweise auf bestimmte Drüsen am Körper der Spitzmaus zurückzuführen ist, die ihr einen unangenehmen Geruch verleihen.

Ein herausragendes Merkmal von Spitzmäusen ist ihr Bedarf an ständiger Nahrungsversorgung. Da alle Kleintiere schnell Wärme verlieren, müssen sie fast ständig fressen, um diesen Verlust auszugleichen. Einige Arten fressen alle drei Stunden ihr eigenes Gewicht an Nahrung. Eine herausragende Ausnahme ist die Wasserspitzmaus, die bis zu 2 Tage ohne Nahrung auskommen kann, ohne zu verhungern. Da die meisten Spitzmäuse im oder in der Nähe von Wasser leben, finden sie reichlich Nahrung bei Insekten, Spinnen, Elritzen und kleinen Säugetieren, die an feuchten Standorten leben. Die Gruppe ist ebenso wild wie gefräßig. Die meisten Spitzmäuse scheuen sich nicht davor, mehrfach schwerere Tiere anzugreifen. Man sagt, wenn

Spitzmäuse so groß wären wie Eichhörnchen , würden sie wahrscheinlich sogar Menschen angreifen.

In den Bergen von Utah, Colorado und im Norden von New Mexico kann man der Spitzmaus (*Sorex palustris*) begegnen. Sie ist etwas größer als die Landspitzmaus und außerhalb des Wassers nicht zu sehen. Unten grau und oben schwarz, ist es wunderbar getarnt, egal ob im Wasser oder an Land. Wie andere Spitzmäuse hat sie lange Schnurrhaare, sogenannte Vibrissen. Landspitzmäuse nutzen diese Schnurrhaare als Tastorgane, um dem dunklen Labyrinth ihrer Landebahnen zu folgen. Es wird angenommen, dass Wasserspitzmäuse sie als Sinnesorgane anstelle von Augen nutzen, um die von ihnen gefressenen Elritzen, Kaulquappen und Wasserwanzen zu verfolgen. Tatsächlich ähnelt die Wasserspitzmaus einem großen Wasserkäfer, wenn sie unter der Wasseroberfläche umherhuscht, umgeben von den silbernen Luftblasen, die in ihrem feinen Fell eingeschlossen sind.

Fledermäuse
Ordnung *Chiroptera* (lateinisch: chir , Hand und optera , Flügel)

Die in diesem Buch den Fledermäusen zuteil werdende Sonderbehandlung ist ihnen nicht freiwillig zuteil geworden. Dies resultiert aus der Unfähigkeit, eine oder zwei ausgewählte Arten so klar zu beschreiben, dass der Laie sie möglicherweise von ihren zahlreichen und ebenso interessanten Verwandten unterscheiden könnte. Wenn man bedenkt, dass man davon ausgeht, dass Fledermäuse zahlenmäßig im Vergleich zu Vögeln günstig sind, dass es eine große Anzahl von Arten gibt, die in viele Gattungen unterteilt sind, und dass das Vier-Staaten-Gebiet, mit dem wir uns befassen, sozusagen von östlichen und nördlichen Arten überwuchert wird Da es sich bei den westlichen und mexikanischen Arten nicht nur um mehrere eigene Arten handelt, wird schnell klar, dass diese Gruppe hier nur allgemein beschrieben werden kann. Wenn hier einige der populären Aberglauben über Fledermäuse widerlegt werden, ist zu hoffen, dass der Leser die Fakten nicht weniger interessant finden wird.

Die bekannteste Anpassungsfähigkeit von Fledermäusen ist ihre Flugfähigkeit. Diese besondere Begabung besitzt keine andere Säugetierart. Dies wird durch erhebliche Veränderungen verschiedener Körperstrukturen ermöglicht, wobei die der

Vorderbeine die extremste ist. Die Knochen der oberen und unteren Vorderbeine sind erheblich verlängert, können aber nicht mit der extremen Verlängerung der Finger mithalten. Der klauenartige Vorsprung an der Vorderseite des Flügels entspricht dem Daumen. Die über die „Finger" gespannte Flügelmembran ist seitlich am Körper und an den Hinterbeinen bis zum Knöchel befestigt. Die meisten Fledermäuse haben eine weitere Flügelmembran, die Interfemoralmembran, die beide Hinterbeine verbindet und bei vielen Arten auch den Schwanz umfasst. Die Flügelmembranen sehen aus wie dünnes Leder und fühlen sich auch so an. Durch sie verläuft ein kompliziertes System von Blutgefäßen. Diese versorgen die Membran nicht nur mit Nährstoffen, sondern wirken auch als Kühler und kühlen den Blutkreislauf während der anstrengenden körperlichen Arbeit im Flug. Die Flugprinzipien ähneln denen der Vögel; Das heißt, die Flügel werden beim Aufschlag teilweise gefaltet und beim Abschlag vollständig ausgestreckt. Dieses Manöver erzeugt ein Rascheln, das in der Stille einer Höhle deutlich hörbar ist. Wenn tausende Fledermäuse gleichzeitig gestört werden, entsteht tatsächlich ein leises Brüllen.

Die Tatsache, dass Fledermäuse nachtaktiv sind und gleichzeitig ein Leben in der Luft führen, das das Durchfliegen von Labyrinthen in völliger Dunkelheit erfordert, war Anlass für umfangreiche Forschungen, wie sie dies erreichen können. Mittlerweile weiß man definitiv, dass sie auf ein Sonarsystem angewiesen sind, bei dem sie durch das Aussenden schriller Schreie von den Echos geleitet werden, die von nahegelegenen Objekten zurückgeworfen werden. Diese „Quietschgeräusche" bewegen sich in einer Frequenz von 25.000 bis 75.000 Schwingungen pro Sekunde, was zu hoch ist, als dass das menschliche Ohr sie wahrnehmen könnte. Die Geräusche werden mit einer Geschwindigkeit von etwa 10 pro Sekunde ausgesprochen, wenn die Fledermaus ruht, bis zu 60 pro Sekunde, wenn sie im Flug ist und von den vielen Hindernissen umgeben ist, die in einer Höhle zu finden sind. So fantastisch diese Darbietung auch erscheint, sie wird durch die Theorie ergänzt, dass winzige Muskeln die Ohren der Fledermaus bei jedem Quietschen schließen und sie wieder öffnen, um nur das Echo zu hören.

Die Reaktion ihrer Stimm- und Hörstruktur auf diesen speziellen Einsatz ist wirklich erstaunlich. Im Säugetierreich gibt es keine einzigartigeren Gesichter als die der Fledermäuse. Die meisten

Fledermäuse haben riesige Ohren mit gefurchten und kanalisierten Innenseiten, die wahrscheinlich viel mit der Verstärkung schwacher Geräusche zu tun haben. Vor dem Ohr befindet sich ein schmaler, aufrechter Vorsprung, der Tragus genannt wird. Weiter unten im Gesicht, im Bereich der Nase, befinden sich weitere seltsam geformte Hautstrukturen, darunter das „Nasenblatt". Die Funktionen dieser Anhängsel sind noch nicht vollständig geklärt, es wird jedoch vermutet, dass zumindest ein Teil ihrer Aufgabe darin besteht, das Quietschen entlang einer bestimmten Linie auszustrahlen und so dabei zu helfen, die Fledermaus an ihrer Umgebung auszurichten. Mit einem so effizienten Führungssystem benötigt die Fledermaus kaum Augen. Der Ausdruck „blind wie eine Fledermaus" ist jedoch irreführend, da die meisten Fledermäuse trotz ihrer relativ kleinen Augen recht gut sehen können.

Da die meisten Fledermäuse im Südwesten Insektenfresser sind, mit Ausnahme einiger weniger Arten entlang der mexikanischen Grenze, die als Obstfresser gelten, stellt sich die Frage, wie sie in den Wintermonaten leben, in denen es keine Insekten gibt. Es gibt zwei gängige Methoden, mit denen Tiere eine solche Durststrecke vermeiden: durch Migration und durch Winterschlaf. Fledermäuse nutzen beides. Es wird angenommen, dass einige Arten bis nach Mittelamerika fliegen. Andere gruppieren sich in Höhlen und verharren den ganzen Winter in tiefer Erstarrung. In diesem Zustand der Inaktivität kann ihre Körpertemperatur auf bis zu ein Grad der Umgebungstemperatur absinken, und ihre Stoffwechselrate sinkt während aktiver Perioden manchmal auf ein Achtzehntel davon. Für den Winterschlaf bevorzugen Fledermäuse in der Regel einen kühlen Ort, denn je kühler die Temperatur, desto langsamer ist der Stoffwechsel. Bei Fledermäusen im Winterschlaf wurden Körpertemperaturen von bis zu 10 °C gemessen. Die Temperatur darf nicht unter den Gefrierpunkt fallen, sonst sterben die Tiere. Es ist bekannt, dass Fledermäuse in dieser Zeit der Inaktivität bis zu einem Drittel ihres Gewichts verlieren.

Aufgrund ihres geheimnisvollen Verhaltens und ihrer nächtlichen Aktivität haben Fledermäuse außer dem Menschen nur wenige Feinde, die in der Lage wären, ihre Zahl ernsthaft zu beeinträchtigen. Daher ist die Geburtenrate bei den meisten Arten recht niedrig. Viele bekommen jedes Jahr nicht mehr als ein Junges; und die Rote Fledermaus, die bis zu vier Junge zur Welt bringt, scheint die produktivste in den Vereinigten Staaten zu sein.

Die Art und Weise, wie verschiedene Arten ihre Jungen versorgen, ist sehr unterschiedlich. Manche Mütter lassen die Babys an der Decke der Höhle hängen, während sie sich auf die nächtliche Nahrungssuche begeben; andere tragen die Jungen fest an ihrem Fell hängend. Die Jungen erwachsen schnell. Normalerweise sind sie innerhalb eines Monats nach ihrer Geburt flugfähig.

> Trotz zahlreicher neuerer wissenschaftlicher Studien gehören Fledermäuse immer noch zu den am wenigsten bekannten Lebewesen. Aufgrund ihrer insektenfressenden Ernährung sind sie für den Menschen sicherlich von großer Bedeutung. Darüber hinaus deuten ihre immensen Zahlen darauf hin, dass sie aus ökologischer Sicht einen enormen Einfluss auf jedes Gebiet haben müssen, in dem sie leben.